阅 读 阅 美 ， 生 活 更 美

女性生活时尚第一阅读品牌

□ 宁静　□ 丰富　□ 独立　□ 光彩照人　□ 慢养育

为爱的人做便当

兰 姨◎著 李惟一◎摄影

漓江出版社

序　言

Total sequence

没有天使的翅膀，

却驮着多少掉进深渊的孩子向曙光飞翔。

您没有疗伤的病房，

天使的心是救治凋零花朵的温床。

您的笑容像玫瑰一样绽放，

撕心裂肺痛的伤疤是这玫瑰的土壤。

您的选择展示出母爱与智慧的无限能量，

您的精彩证明幸福可以嫁接在苦难之上生长。

母爱是滋生大爱这棵参天大树的桩，

慈爱是爱的母本把幸福扦插四方。

怜爱弱苗珍爱生命是您成功的向往，

诠释博爱的真谛将快乐一起分享。

这是当年开办儿童康复中心时，一个脑瘫孩子的爷爷、一个充满激情的老诗人写给我的一首诗。这是我平生收到的第一首，或许也是唯一一首专门为我而写的诗。虽然十分惴惴而又惶恐，也还是极其感动地珍藏着，把它作为对自己的鼓励与鞭策，更希望自己有朝一日能够真正成为这样的人。

那年元旦的前夕，儿子出生了。同所有的父母一样，对这个在新年前夕降临的小生命，我们也有着各种希望与憧憬。孩子取名叫惟一，预示着他将是我们今生今世唯一的珍爱，同时也希望他能够成为一个出类拔萃、卓尔不群的人。

然而，命运却同我们开了一个天大的玩笑：在惟一 11 个月大的时候，南京军区总医院的一份诊断报告击碎了我们所有的梦想，孩子双耳听力 120 分贝无反应波！这就意味着我们的惟一永远都无法听到妈妈温柔的呼唤，更听不到清晨小鸟的歌唱与世间各种美妙的乐音——他将生活在一个寂静无声的世界里，而我们，也许永远也享受不到听孩子叫爸爸妈妈时的甜蜜。

无情的判决，犹如晴天霹雳，把我们打入了万劫不复的深渊。我们无法面对这样残酷的现实，开始了漫长的求医问药的过程，东奔西走，走南闯北，让他吃各种自认为有用的药物；为了一线十分渺茫的希望，硬起心肠，让各种医生在他的头上、耳朵上扎满了银针……一次次，目睹孩子痛苦的挣扎和哭泣，看着孩子投向爸爸妈妈的乞求、无助与不解的眼神，我们都心如刀绞，痛不欲生，不知上天因何要让这个弱小的生命承受如此深重的苦痛。

惟一三岁那年的春天，单位上照顾我带孩子到北京看病。当时的北京正在筹备亚运会，几条主要干道都在改造中。我一个人带着孩子每天穿梭于首都各大医院间，下了公交车往往要步行好长一段。孩子小，不懂事，怎么也不肯自己走，我只好抱着来抱着去，苦不堪言！在一次抱着他从王府井走向美术馆附近的住处时，我终于走不动了，瘫坐在路边欲哭无泪。而孩子仍然睁着无邪的眼睛，张开双手等着妈妈抱。那一瞬间，我知道我再也无法这样下去了，我必须改变这种状况，我要让我的孩子知道我的思想，我要和我的孩子交流情感和内心！

在协和医院，我为惟一配了他的第一副助听器，那是天津产的一种大功率的盒式助听器。我用一根带子将两个盒子扎在他的腰上，这奇怪的装束顿时引来了无数异样的目光。我硬着头皮假装无视，知道从此以后，我们都将永远生活在这种目光里——我必须以我的坦然，教会孩子今后怎样去面对人生的际遇。然后，我又冲进王府井附近的一家助听器专卖店，倾尽所有，买了一台语言康复器和一套聋儿语言康复教材。那天，我一手抱着孩子，一手拎着十几斤重的仪器，奇迹般地走回住处时，我更加坚定了要用自己的知识和母爱，为我的孩子撑起一片天空的决心。

我和爱人都是中文专业本科毕业，对汉语言有着专业的认识和研究。然而，我们不知道，让一个聋儿开口说话会是如此的艰辛与困难：为了他的语言康复，我们几乎献出了所有的业余时间和个人爱好。在正常人看来最自然而然的发音，对一个聋儿而言，却必须从每一个环节教起。为了充分开发他的残余听力，我们买来了鼓，让他能在低沉的鼓点声中感受到声波的振动；为了让他知道说话是怎么回事，就让他的小手无数次触摸我们的面颊和喉咙，以感觉我们声带和肌肉的振动；为了让他理解发音时舌头的位置，就让他的小手反复感觉我们舌头的活动；为了教会他呼吸、运气，我们从市场上批发来一包包气球，和他一起用力吹……不知有多少次，我们不小心弄破了他的舌和唇，使他满口是血；也不知有多少次，他因为愤怒，把我们伸到他嘴里的手指紧紧咬住不松口。在这种血和泪的训练中，我们违心地让他过早承受了生存的困苦与压力。终于，皇天不负有心人，在一次偶然的事件中，惟一清晰地叫了声“妈妈”，于是，我知道，我们期待的奇迹出现了，我们家的铁树开花了。

从此，惟一的语言有了质的飞跃：他艰难地学会了所有的汉语拼音字母，能够准确地读出每个音节。为了让他掌握充足的词汇量，我们利用一切时机教会他眼前的一切，家里所有的物品都贴上了名称及拼音；为了让他领会字词的意思，我们常常一边手舞足蹈地表演，一边绞尽脑汁地解说。为了随时给他正音，我自学了汉语拼音的手语，不管在什么场合，只要是他看不明白的发音，我就给他一个手势，他立即就能心领神会，马上发出正确的读音。逐渐地，惟一能够看懂我们的话了，我们母子终于形成了一种心灵相通的默契。我们可以坦然地在公共场合交谈，不管他怪异的发音方式引来多少诧异的目光，只要看到我鼓励赞赏的眼神，他就能表现得心平气和，安详而自然。

终于，在他上五年级时的一次郊游中，他对我说：“妈妈，我听到了什么声音？”我一时没有反应过来，反问：“什么声音？”他说：“好像是小狗在叫，是汪汪的声音。”我这才注意到，远处的确是有几声狗吠传来！彼时彼刻，我心中的喜悦是无法用语言来表达的。我知道，我们十几年的语言训练终于结出了硕果：惟一学会了运用他的残余听力，能够用他120分贝没有反应波的双耳捕捉到远处的蛙鸣与狗吠，尽管这只是有限的几种声音，但世界对他来说，已不再是一片寂静！ 我们庆幸，在巨大的不幸面前，我们没有悲泣太长的时间——在他最需要的时候，我们及时地让他掌握了开启语言之门的钥匙。尽管这是一个充满血泪、不堪回首的艰难过程，却总算是在一点一滴的缓慢进步中，他读完了小学、中学，最后考上了大学。

而我，也因为从儿子的语言训练中获取了足够的经验，在辞掉了原本不错的工作之后，自己开办了一家儿童康复中心，专门为儿童孤独症患者及脑瘫引起语言障碍的孩子提供语训，它不仅凝聚了我所有的心血和理想，更成了我精神的寄托和快乐的源泉。后来，因为老公生病需要照顾，也为了有更多的时间为即将大学毕业的儿子找工作奔走，我不得已关闭了已经小有名气的中心，离开了那些我深爱着的孩子们。那首诗，就是那位诗人爷爷的临别赠言，他说：老师的笑脸，一直是我们这些家长最温暖的港湾；你的泰然，教会了我们如何面对灾难……希望老师能继续以这种状态好好生活，呵护着家人渡过一道道难关。呵呵，我哪里有那么伟大！

儿子毕业了。在经历了一次又一次的冷酷拒绝后，当初在我这里训练的一个孩子的家长，毅然接收了几乎处于绝望中的惟一，他说：没有别的地方可以去就来我这里吧，总能找到适合他的岗位——短短的一句话，竟让病中的老公凝噎哽咽，久久不能平静。

于是，儿子上班了！开始了朝九晚五挤公交、乘地铁的上班族生活。他用领到的第一笔工资给奶奶买了一套棉毛衫，给外公买了一件羽绒服，又请爸爸妈妈和阿姨吃了一顿饭——钱貌似有点不够花呢！尽管少，却是他可以自食其力的标志，意义非凡。

过完年，儿子坚决要求自带午餐，说天天吃食堂吃够了。而于我，能和一个普通的母亲一样，每天为上班的孩子做早餐，准备午餐便当，再急吼吼地催他出门，又何尝不是一种向往已久的幸福与奢望——不要跟我讲每天早起多么辛苦，多么不易——我只愿这种辛苦能够一直这样持续下去。无他，只期望看着我的孩子能够像普通的健全人那样，按部就班地完成幼儿园、小学、中学直至大学的学习，能够拥有一份稳定的工作和生活，能够正常地谈恋爱、结婚、生子，在他的每个人生的节点，都不会因为身体的残障而有所缺失——这不过是一个母亲最最平常的期许！尽管一路走来充满了艰辛，将来怎样更无从得知，但作为母亲，我仍将一如既往地守在他身边，做他最最信赖的守护者。

午餐便当的制作原则

不知不觉中，给儿子带便当已经整整两年了。除了去外地工作旅游，老妈的便当，不论简繁都从未间断过。其实，每天准备一份健康营养、内容丰富的午餐便当，远没有想象中的那么麻烦。只要安排得当，掌握一些基本的制作原则，每天都吃到新鲜美味、健康安全的家常菜绝对不是什么困难的事情。

当然，你能否携带午餐便当的前提，是午餐场所是否具备起码的冷藏存贮与加热条件。现在的用人单位大多实行人性化管理，几乎都配有微波炉。福利好的甚至会有冰箱供带饭员工集中存贮午餐便当。若无冰箱，网上有许多号称高科技的生物制冷剂或冰袋出售，冰鲜保质效果极佳，非常适合炎热的夏天使用。并且，到了真正炎热的季节，办公场所的空调冷风也都会开放，只要保管得当，吃时再用微波炉或其他加热设施将饭菜热透，就不用担心自带便当的食用安全问题了。

一、合理的膳食结构

因为是午餐便当，所以必须考虑其膳食结构的合理性。所谓合理，就是指一日三餐所提供的营养，必须满足人体的生长、发育和各种生理、体力活动的需要。成年人每日的食谱应包括奶类、肉类、蔬菜水果和五谷等四大类。奶类含钙、蛋白质等，可强健骨骼和牙齿；肉类、家禽、水产类、蛋类、豆及豆制品等，含丰富的蛋白质，可促进人体新陈代谢，增强抵抗力；蔬菜、水果类含丰富的矿物质、维生素和纤维素，可增强人体抵抗力，畅通肠胃；米、面等谷物类主要含淀粉即糖类物质，能为人体提供热能，满足日常活动所需。而午餐应提供全天所需能量的 40%，一日三餐膳食的营养分配才算合理平衡。只有能够提供充足的碳水化合物、蛋白质、脂肪及维生素、矿物质等多种营养成份的便当，才算是一份完美的便当。所以，在书中我将两年来制作的便当按主食、肉类、蔬菜三部分进行了大致的分类整理。其中，第一部分“缤纷主食”重点介绍了用米、面等谷物制作的各色花样主食；第二部分则是嗜肉一族喜爱的“无肉不欢”，侧重介绍了一些适合便当携带的肉类菜肴的制作；而第三部分“窈窕‘蔬’侣”，则选择性地介绍了一些蔬菜健康营养的制作方法，力求达到营养全面、合理平衡的健康饮食标准。

二、以新鲜、美味、健康、安全为宗旨，让美味与营养健康共存。

在主副食的选择上，应注意扬长避短，尽量选择适宜做便当的食材；在制作方法上，也以健康为第一要素，力求最大限度地保留食材自身的营养与原有风味。

1. 对于主食而言，米饭最适宜便当携带。馒头、大饼类的主食则偶尔为之，不推荐做常备的便当食材。因为从微波炉加热的角度来讲，加热后的米饭基本上能保持原来的状态，不影响口感。而如果掌控不好温度和时间，用微波炉加热的馒头、大饼、炒饭，都极易变得十分干硬，难以下咽——某天老妈精心炮制的顶级厨师版黄金蛋炒饭，就把儿子的腮帮子都嚼酸了，直接来短信吐槽。嘿嘿。这都要怪万能的老妈当时没有交待清楚，应该如何使用微波炉来加热这些水分容易蒸发、会变干变硬的食材。后来，带便当的人也有了经验：每每看到老妈又研制出了新的便当品种，便会不厌其烦地问清楚微波炉该如何加热。我们母子俩也在相互促进中越发地配合默契，便当种类更是日渐丰富多彩：除了包子馒头、炒饭面条，连焗饭、意面、披萨这类洋玩意儿，也都加入进了老妈的便当行列，虽无法与新鲜出炉时的口感相提并论，但换换口味，调剂一下，也算是增添些生活情趣，做的人和吃的人都十分惊喜。

2. 尽量不带绿色叶菜。绿色叶菜密封放置一上午，不但颜色和外观变差，还会生成一些亚硝酸盐（由硝酸盐转化而来）。虽然这点亚硝酸盐，与添加在火腿肠、超市熟肉类制品、饭馆肉类菜肴中的亚硝酸盐相比含量不高，但为了健康，还是要注意一下。本书部分便当里的绿叶配菜，大多都是在霜降以后到春节之前这段时间之内制作的，一则因为天气寒冷，可以相应延长菜品的保质期；二则因为霜降以后的绿叶蔬菜口感清甜，是最好吃的时候，错过了实在可惜。而春秋季节和夏季，则一般不用绿色叶菜做午餐便当，于早餐和晚餐在家就餐时多补充些，就可以满足一天所需的叶菜量。为补充因缺少绿色叶菜而影响到的营养平衡，可以有意识地多带一些其他耐存放的蔬菜及时令的新鲜水果作为替代。

3. 相对绿色叶菜，茄类、瓜果、豆角类蔬菜不易变质，用微波炉加热后也不易改变菜肴的色香味；肉类、蛋类、豆制品、薯类、菌类、海藻类菜肴也比较耐存放，不易变色或生成亚硝酸盐，营养价值又高，非常适合做便当。而肉类中不饱和脂肪酸含量少的瘦肉、鸡肉等能在不知不觉中减少脂肪的摄入，所以在选择上也有所偏重。比如咖喱鸡、土豆烧牛肉、胡萝卜煲仔饭、西红柿炒鸡蛋、烧茄子等都是极好的便当菜式。不建议带回锅肉、红烧肉、鱼和海鲜类，因为这些肉菜经过微波炉加热后很难保持原有的色香味，不仅油腻，从外观上来看也会影响食欲。所以本书中鱼虾的菜肴较少，仅三五个适于便当携带的而已。另外，凉拌菜如沙拉、拍黄瓜等直接生食的菜肴，由于缺少高温消毒的环节和程序，十分容易变质且不耐存放，也需尽量避免。

三、尽量不要用剩菜装便当

蔬菜类菜肴最好是早上现做的，而不是前一晚提前做好的，以尽量缩短存放时间为第一原则。其实早睡早起不熬夜本身就是一种健康的生活方式，每天早起一会儿，精神抖擞地为自己和家人准备一份新鲜健康的早餐和午餐，无论如何都是一举多得的好事情。如果实在早起有困难，也务必在头天晚饭时先预留下干净的饭菜，于第一时间装入便当盒中密封冷藏保存，这样才能有效地抑制细菌的生长繁殖；切忌用已经吃过的剩菜做便当，只有最大限度地降低食物被污染变质的风险，才能确保食用安全。

四、饭（主食）和菜肴分开，不混在一起。

除非特制的菜焖饭，主食和菜肴还是要尽量分开盛放。本书中凡是饭菜混装的图片，都是兰姨便当初级阶段的作品。一段时间之后，上班的人表示饭菜混装太油腻——难吃是次要的，重点是所有的菜汤油盐都浸泡到饭里去了，长时间食用必定会损害健康！后来，又看到相关资料讲，饭菜混合更有利于细菌的繁殖生长，极容易变质。于是，果断改用小玻璃器皿，不仅饭菜分装，还消除了塑料餐具遇到油盐及加热会引起化学反应的安全隐患。强烈推荐使用那种密封性能非常好的饭盒：密封性能好的话，趁热装入的干净新鲜的饭菜，因为热胀冷缩的原理，在扣紧后内部的受热空气会被抽出一部分，使密封盒内有了一个模拟真空包装的环境，即便是头天晚上包装密封好，稍晾凉后立即入冰箱冷藏保存的食物，只要是坚持到吃的时候才打开加热，就可以确保安全——当然，必须在打开盖子之后才可以进行微波加热，否则，可能会有餐盒爆炸等严重的后果发生！

加热时，为了防止水分过度蒸发，可以加入少量纯净水或开水，再搭上盖子加热即可。一般情况下，微波炉加热时间控制在 2~3 分钟左右。如果饭菜没有热透，取出用筷子稍微翻拌均匀，再放回微波炉追加 1 分钟即可；至于馒头、包子、大饼等面食，则是以秒为单位进行加热，微波炉工作时，还需另用一个玻璃杯装一杯水置于微波炉中，以保证炉内的湿度，减少水分的蒸发——一个馒头先高火打 20 秒，如果觉得没有热透，最多再追加 10 秒就可以了，切不可一次就加热过长时间，让松软的馒头变得硬邦邦，口感变差。

目录

第一章　缤纷主食

花样米饭

面面相聚

第二章 无肉不欢

玩转卤滋味

百变小丸子

第一章／缤纷主食

·花样米饭·面面相聚

花样米饭

杂粮饭

所谓主食，就是人体所需能量的主要来源。在日常的膳食营养补给中，除了适量的蛋白质、脂肪和水之外，最重要的就是碳水化合物的摄取与补充。因此，便有了"人是铁，饭是钢"的说法。而兰姨的便当中，出镜率最高的莫过于杂粮饭了。

随着健康营养知识的普及，关于常吃精白米、精白面会导致发福肥胖，引发糖尿病等疾患的风险意识早已深入人心，吃全谷杂粮已经成为健康生活方式的重要标志。

所谓全谷，就是脱壳后没有精制的粮食，比如小米、大黄米、高粱米、糙米、黑米、紫米、红米、小麦粒、大麦粒、荞麦、燕麦片、全麦粉等。只要不把种子外层的粗糙部分和谷胚部分去掉，保持种子原有的营养价值，就叫全谷或全粮。所谓杂粮，是指赤豆、绿豆、芸豆、四季豆、豇豆、豌豆、蚕豆、莲子、芡实、薏米等，其营养成分和谷物相近。全谷杂粮中不仅含有较多的膳食纤维和多种维生素，还含有更多的抗氧化物质，对预防癌症、冠心病，帮助控制餐后血糖和胆固醇，促进大肠有益菌的增殖，改善肠道微生态环境等都有极大的好处。而白米饭、白馒头、粽子、汤圆等人工精制的粮食，其中 70% 以上的维生素和矿物质都已经损失掉，营养价值很低，纤维含量亦非常低。这就是为何杂粮饭吃一碗很饱，能长时间不饿，而同等量的白米、馒头、面包吃起来速度快，饱感差，且很快就会感觉到饿的原因所在。要想长期控制体重，控制膳食能量，同时维生素、矿物质等营养素又一样都不少，且无明显的饥饿感，吃杂粮饭、杂粮粥无疑是健康而又愉快的选择。以兰姨为例，每日与美食相伴，也没有刻意节食，却没有发福肥胖到惨不忍睹的状态，这与长期吃杂粮有着莫大的关系。家中除了正常的一日三餐，很少有人想吃零食；即便到外面餐馆用餐，也是点一些平常在家不常做的稀奇菜，且很少暴饮暴食，轻轻松松就达到了美食与苗条共存的良好状态。

营养学专家提示，每天的食物种类至少要保持在 20 种以上，品种越多越杂，摄入的营养成分就越丰富，膳食平衡就越完善。杂粮饭的精髓就在这个"杂"字上！这黑乎乎的一小碗饭里就包含了十多个品种的杂粮，再加上每天多样化的早餐与全天的蔬菜水果肉类，达到膳食结构上的数量要求简直就是轻而易举的事情。所以，兰姨每次去采购杂粮，都是拖着家中的小拖车去：因为品种太多，每样配个半斤八两就会使一次购买的杂粮总量超过十斤。

人们对粗粮的抗拒，主要来源于口感粗糙、难以下咽、难以消化等认知上。这其实是一种偏见和误解。只要根据谷物豆类的特点选择好种类，合理搭配，烹调得法，粗粮豆类一样可以做得口感柔软、细腻香甜，不仅不会增加消化系统的负担，反而可以帮助吸收更多的营养元素。胃肠不好的人更不要因为杂粮"粗糙"的外表而拒绝吃杂粮。通过向老板娘请教，我知道了：都是黄米，小黄米用来煮粥细腻可口，香气浓郁；而煮干饭则要用大黄米才香糯柔软；煮饭一般不用红豆，而要用豇豆，因为红豆需事先浸泡再煮，且软硬度难以把握，做出的杂粮饭就难以下咽；红豆多用于煮杂粮粥和打杂粮糊——还真是学无止境哦！

将杂粮买回家，再根据特点归类整理：可以直接煮饭的全部混合均匀，集中存放在安全的容器里；不宜煮烂煮软的豆类杂粮，则分别独立存放，煮粥、打杂粮糊时再各取所需。红豆配上大米、花生米、小米、薏米仁、莲子、芡实、紫米等，洗净放入电压力锅，设置到煮豆程序，香糯绵软的杂粮粥就十分值得期待；经过压制处理的燕麦片、大麦片及各类麦仁，都是天然的增稠剂，无论是煮到粥里还是饭里，都会使粥和饭变得黏稠顺滑，而夹裹其中的颗颗麦仁粒，更是又香又糯又有嚼劲和质感——这岂是单调的白米饭能够带来的惊喜！而将红豆、黑豆、花生、莲子、芡实、薏米仁等于头天晚上泡好，早晨起来加泡发好的银耳、红枣、核桃仁、黑芝麻等，一起放入豆浆机，瞬间就可制作成香浓顺滑的美味杂粮糊；至于制作豆浆、豆腐脑、藕粉糊之后滤出的豆渣、藕渣更是不可浪费的优质食材，烙饼、蒸馒头不仅好吃，更是大大弥补了精白面所造成的营养缺失，真是好处多得说不完呢。

是不是有些跃跃欲试了？那就和我一起来制作健康美味的杂粮饭吧！

杂粮饭的做法

原　料

大黄米、糙米、紫米、黑米、大麦片、大麦仁、燕麦片、燕麦仁、黑燕麦片、苦荞、荞麦、高粱米、莜麦、玉米糁、豇豆等各等量混合均匀组成的杂粮1份，大米2份

步　骤

1. 按2份大米与1份杂粮的比例，将杂粮米混合洗净，放入电压力锅中；
2. 加水高于米面约一倍；
3. 插好电源，盖好锅盖，将压力阀归位，时间调至煮饭档略过一些，电压力锅即进入工作状态；至饭熟保温键亮起，拔掉电源线，待自然冷却至压力阀解压即可。

特点：软糯且有嚼劲，口感很好。

兰姨秘籍

①若家中无电压力锅，普通的电饭煲也可以制作杂粮饭，只需将杂粮洗净后加入比煮白米饭略多的水，将米浸泡半个小时后，再设置到正常的煮饭程序煮饭即可。煮好了饭也先不要急着打开，焖一会儿再吃口感会更好。

②再多唠叨两句，若实在不愿煮杂粮饭，平时也要有意识地多吃些薯类，如蒸山药、蒸芋艿、蒸紫薯、蒸红薯等，以替代部分米饭，好吃又没有负担。说实话，纯粹的白米饭、白馒头单调又乏味，要吃好多菜才能送下去，实在无趣得紧。

番茄排骨焖饭

各类菜煮饭，一直是兰姨想偷懒应付时的首选菜品：一盒饭，有肉有菜有饭，不用煎炒烹炸，囫囵一锅焖，制作起来方便，却十分好吃更便于携带。有段时间，朋友圈疯了一样全都在晒各种版本的“一颗番茄饭”，据说好吃到六亲不认——一道最最普通的菜焖饭，竟然可以如此爆红，网络的世界还真不是俺等老人家能懂的。看着晒出的惨不忍睹的一碗碗饭，俺这位资深煮饭老妈还是忍不住想大喊一声：放开那个番茄，让我来。豪华版的一颗番茄饭——番茄排骨焖饭，才是真正地好吃到没朋友！

番茄排骨焖饭的做法

原　料　一颗西红柿，大米 2 筒（约 350 克），水 2 筒半，排骨 500 克，香菇 4 朵，土豆 1 个，胡萝卜 1 根，甜玉米粒 50 克，青豆 50 克

配　料　盐、蚝油、白糖、生抽、生姜末、白胡椒粉、料酒各适量，油 2 汤匙，花椒数颗

步 骤

1. 排骨斩块洗净沥干，先加少许盐及白胡椒粉入味，再加生姜末、蚝油、生抽、白糖拌匀，于头天晚上腌制好密封入冰箱冷藏保存。

2. 香菇泡发洗净切丁，土豆、胡萝卜洗净削皮切丁，甜玉米粒、青豆洗净待用。

3. 一颗番茄洗净，快速入开水锅中烫一下捞起，用水果刀剜去根蒂，去皮待用。

4. 炒锅置火上烧热，倒入油用花椒炝香后捞出花椒丢弃，下腌好的排骨慢慢翻炒至断生，加2汤匙料酒去腥，加2筒半水大火烧开，下香菇丁改小火焖半个小时，至排骨香味弥漫在空气中，加适量生抽调味。

5. 大米洗净，放入电饭煲中。

6. 加土豆丁、胡萝卜丁、玉米粒、青豆。

7. 将炖好的排骨连汤一起倒入饭煲中，把那颗去了皮的番茄摆到中心，盖好，插上电源。

8. 按正常煮饭程序将饭煮熟。

9. 用饭勺将西红柿捣碎，尽量将所有的饭菜都拌均匀，盛到碗里，撒些葱花即可。

2筒米是三人的量，菜肉饭焖一锅，儿子的午餐便当及老两口的午餐就全有了。

兰姨秘籍

① 排骨需腌制后再炒才入味，最好预先炒制再焖炖半小时，这样可以将排骨的腥味连同蒸汽一同挥发掉。预制过的排骨再同饭一起焖煮，不仅排骨酥烂好吃，米饭吸收的也只是排骨的油脂和香气，就不会有那种让人不愉快的“闷”味了；如果喜欢啃硬骨头，则无需煎炒，将腌制入味后的排骨直接同饭一起煮即可。当然，最好选用肋排斩寸段，将排骨焯水后再进行腌制。

② 因为番茄、土豆、胡萝卜等菜蔬中都有水分，所以，煮饭的水量要比平时煮白饭略少些，按 1：1 的米水比例，即 1 筒米配 1 筒水即可。这里的 2 筒米配 2 筒半水，是考量了烧排骨时水的消耗量；如果省去煎炒环节，直接将排骨同饭一起煮，则只需加 2 筒水就够了。另外不要忘记还需调入适量的生抽调味，不然煮出一锅没有盐味的番茄饭，会让人十分沮丧哦。

延伸菜品 1

莲子排骨焖饭

莲蓬上市的时候，我很喜欢买回来剥新鲜的莲子吃，剥得多就煮在各种饭里，又沙又绵，好吃又营养。莲子排骨焖饭，比起小清新的荷叶糯米鸡，要更粗犷简易些，也是菜肉多多，超级过瘾。

原 料 大米 2 筒，水 2 筒，肋排 500 克，新鲜莲子小半碗，四季豆 200 克，土豆 1 个，胡萝卜 1 根，甜玉米粒 50 克，毛豆 50 克

配 料 盐、蚝油、生抽、白糖、生姜末、白胡椒粉、料酒各适量

步 骤

1. 排骨斩块洗净，焯水后再用水冲洗干净并沥干，加少许盐及白胡椒粉入味，再加生姜末、蚝油、生抽、白糖拌匀，腌制入味。
2. 豆角剔去筋截成段，洗净沥干；将莲蓬里的莲子抠出，剥掉青皮，撕去内膜，去掉莲心，洗净待用。

3. 土豆、胡萝卜洗净削皮切丁；甜玉米粒、毛豆洗净待用。

4. 大米洗净，放入电饭煲中；加豆角、土豆丁、胡萝卜丁、玉米粒、毛豆，将腌好的排骨覆盖在最上面一层。

5. 加入 2 筒水，再沿锅内壁加入 2 汤匙生抽调味。

6. 盖好，插上电源；按正常煮饭程序将饭煮熟，焖十几分钟再打开，用饭勺将饭拌匀即可。

兰姨秘籍

① 请尽量选用肋排。肋排没有过多的筋膜，容易软烂成熟，可以不用预炒。焯水后腌制，然后直接和米一起煮，简单省事，还可以减少油脂的用量。

② 胡萝卜、甜玉米粒属于有甜味的食材，而排骨亦已腌制入味，所以只需加少许生抽将饭的味道调出即可。这样排骨的咸香、胡萝卜的甜香与莲子的清香才会相互渗透，相互融合，切不可被过度的盐味抢去了食材最本真的味道。

③ 若无新鲜莲子，可用干莲子替代，需事先泡发后再使用。先把莲子放在冰箱冷冻室里冻一天，然后直接倒入开水锅中，至再次水开继续煮 5 分钟即可关火，放在炉子上焖至自然冷却就可以了。

④ 生抽属于咸鲜味道足、颜色浅的酱油；老抽属于味淡色重的酱油；而蚝油是用蚝（牡蛎）熬制而成的调味料，味道鲜美，蚝香浓郁，黏稠适度，与酱油相同，均属于咸味调料品，可根据自己的喜好选择使用，并请充分考量咸度总量。

延伸菜品 2

荷叶糯米鸡

一夜小雨，清晨的空气显得格外清新与湿润。被雨水冲刷得十分干净的路旁，农人的挑担里堆满了莲蓬，碧绿的莲蓬几个一扎，在滚动着雨珠的荷叶下羞怯怯地露出几个小脑袋，青翠欲滴的样子十分诱人。这时才猛然醒悟：快立秋了。莲藕、莲蓬、菱角都熟了。山清水秀的鱼米之乡，又到了收获的季节。

只有到了江南，才知道糯米除了用来做糯米饭、八宝饭、包元宵等甜品之外，还可以做出经典的糯米汤团、粽子、年糕、烧卖、酒酿等各种软糯咸香的食物，那迷人的香糯黏滑，时时刻刻都散发着一种吴侬软语般的温婉软糯。粉嫩的莲子、清新的荷叶，那种鲜香与清甜的完美结合，正是这个季节独有的滋味，绝对秒杀各类寿司饭团。

于是，毫不犹豫地买回各种原料，一个人静静地慢慢地在厨房里忙乎了大半天，清香美味的荷叶糯米鸡便出锅了——除了自己享用，更装了满满两个便当盒：一个给儿子当午餐，另一个让他的同事们顺便也分享下这个季节独有的鲜香。

原　料　糯米 200 克，去骨鸡腿肉 2 块，青莲 20 颗，荷叶 2 张，香菇数朵，笋干数块，茭白 1 根，青豆适量，粽叶 2 张

调　料　葱 2 根，姜 2 片，盐、植物油、白胡椒粉、糖、料酒、蚝油、生抽、猪油（或色拉油）各适量

步　骤

1. 将莲蓬里的莲子抠出，剥掉青皮，撕去内膜，去掉莲心，洗净待用。悄悄告诉你：新鲜的莲子脆脆甜甜的，生吃也很好吃，是纯天然无添加的美味零食，营养更不必多说，你懂的！我边剥边吃，好不容易才从牙缝

里省下了这20颗饱满圆润卖相极佳的莲子哦。

2. 剥好了莲子，就开始煮糯米饭了：将糯米淘洗干净，放入电饭煲内，加入比正常煮饭略少的水。

3. 如果家里有猪油，加少许猪油在糯米里，这样煮出的糯米饭才会很油润很香；如果没有猪油，就滴少许色拉油。盖好锅盖，设定到煮饭档开始，至饭煮好拔掉电插头；趁热将煮好的糯米饭扒拉散开，放置晾凉。

4. 煮饭的同时可以准备配料：鸡腿肉洗净，香菇泡发洗净，笋干泡发洗净，青豆焯熟，荷叶、粽叶洗净。

5. 鸡腿肉切丁，用少许盐、生抽、蚝油、葱结、姜片、糖、白胡椒粉、料酒拌匀，腌制入味后，择去葱结和姜片待用；香菇切丁，笋干切丁，茭白切丁，荷叶裁成适宜大小；将2张洗好的粽叶撕成长条（若无粽叶可用线绳代替）待用。

6. 炒锅烧热，放2汤匙油下香菇丁、笋丁煸炒出香味，再下腌制好的鸡肉丁炒散，最后下剥好洗净的鲜莲子、青豆、茭白翻炒均匀，加少许盐、生抽调味后关火。

7. 将煮熟晾凉的糯米饭与炒好的鸡丁拌匀成糯米鸡肉馅料。

8. 将裁剪好的荷叶平摊在砧板上，放适量糯米鸡肉包实裹紧，再用撕好的粽叶条捆紧扎好。

9. 蒸锅内装水置火上，将全部包好的荷叶糯米鸡码入蒸笼屉盖好，大火烧开后蒸30分钟即可。

特点：鲜甜软糯，荷香浓郁。多多的鸡肉，多多的香菇笋块茭白，好吃得根本停不下来。

微波炉煲仔培根鸡肉饭

集肉菜豆薯饭于一体的煲仔饭不仅美味好吃，更满足了健康营养的一切要素。用微波炉制作煲仔饭，不仅快速，还能有效地避免家用煤气灶火候不易掌控、锅已焦糊饭却夹生的状况发生，在口感上能最大限度地体现煲仔饭焦香弹牙的特色。重点是：如果条件允许，在公司也可以做哦！

微波炉煲仔培根鸡肉饭的做法

原　料　大米150克，鸡胸脯肉1块，培根2片，鸡蛋1个，土豆半个，口蘑5个，胡萝卜半个，冬笋1小块，青豆、甜玉米粒适量，洋葱小半个，青菜心2棵

配　料　姜片、盐少许，酱油适量，蚝油少许，白胡椒粉少许，生粉少许，食用油2汤匙

步 骤

1. 鸡脯肉洗净切丁，加少许盐、白胡椒粉、蚝油、酱油、生粉拌匀腌制上浆，将姜片也一同加入腌制，待入味后可将姜片剔除不用。

2. 一片培根改刀切成小片，另一片培根保持原样待用；口蘑切丁，洋葱切丁，土豆刨皮切丁，胡萝卜刨皮切丁，冬笋切丁。

3. 起煮锅烧开水将口蘑丁与青豆、甜玉米粒焯熟，菜心洗净剖开亦焯熟待用。

4. 大米洗净，放入微波炉专用煮饭煲内，按正常煮饭量加水；盖好盖子，放入微波炉内高火加热 5 分钟。

5. 微波炉停止加热后，将饭煲取出，不开盖子静置约 10 分钟至米涨发、米汤被全部吸收（倾斜无水渗出即可）。

6. 等待米涨发的同时，将切好的培根片、洋葱丁、冬笋丁放入耐高温砂锅煲中，加 2 汤匙油，盖上盖子高火 3 分钟爆香后取出。

7. 放入浆好的鸡肉丁，焯好的土豆、胡萝卜等所有的丁，加少许酱油、少许蚝油拌匀。

8. 将拌好的菜肉丁加盖，放回炉中高火 1 分钟，再次拌匀。

9. 将涨发好的半熟米饭加入菜肉丁中搅拌均匀，再加盖放回微波炉内，高火 5 分钟。此时饭已熟，但还是等放置 10 分钟之后再开盖食用口感才最佳。

10. 另起煎锅，将另一大片培根与鸡蛋煎熟，与焯好的菜心一起置于煲仔饭面上摆盘即可。

特点：色香味俱佳，营养丰富，能量满满。

兰姨秘籍

酱油、蚝油、培根都有咸味，注意盐量的控制，不要过咸了！

特别推荐

如何用微波炉煮米饭

若无微波炉专用煮饭煲，可用其他微波炉专用器皿代替，总的原则是要足够大、有透气孔的盖——所煮饭的量不得超过整个容器的三分之一，这样才能避免米汤的溢出。如果能事先将米洗净泡发半小时，效果会更好。但依兰姨的个人经验，将米洗净，按正常煮饭的水量直接煮开（视米量的多少而定，一般只需 6 ~ 8 分钟，即可达到刚好开锅却没有溢出的状态）即关火静置 10 多分钟，至米完全涨发、米汤吸收完全之后，再加热 5 分钟，饭即可熟透，但口感上还有些硬，需密封静置 10 分钟后再吃，才会更加松软可口。如果感觉饭夹生，可以再加热 2 ~ 3 分钟——微波炉就是这点方便：可以随时加时，直至满意的程度为止。微波炉加热对食材的水分消耗极大，容易使食材因脱水而变得十分干硬，要特别注意加热时间的控制，每次宁可时间短些留有余地，不够时再追加，也不要一次加热时间过长，造成米饭口感生硬难嚼。

此菜谱是为了示范微波炉煮饭的过程而特别设计的，所以步骤比较繁琐。某些只有微波炉的特定环境下制作料理的“童鞋”可以参照实践。一般家庭制作可以用电饭煲先将米饭煮熟，再用微波炉做菜肉饭的加工合成，会更省时省力，更易于操作。

微波炉制作菜肴，高效快捷。但因为制作时间短，事先将食材腌制入味是保证风味口感的关键。制作时请选择微波炉专用器皿，严禁使用金属器具或带有金属边的瓷器；也严禁加热封闭无透气孔的食材和器具，如带壳的鸡蛋、密封的罐头等，有爆炸的危险！微波炉高效，对食物水分的蒸发也极其高效，使用前一定要认真阅读使用说明书。

延伸菜品

砂锅焖鱼

砂锅焖鱼是一道著名的粤菜，十分的高大上。传统的砂锅焖鱼，是把干葱、蒜粒和鲜沙姜先放砂锅里炒香，再把腌好的鱼片摆放在上面加盖焖烧，中途需加两次热高汤，待快熟时往砂锅盖上淋白兰地酒让其燃烧后上桌，成菜香气浓郁酒香扑鼻。但是，要在家庭小厨房里玩这样的花头实在太太太危险！而且，家庭煤气灶火的火候把握相当有难度，N 多次都将锅底烧糊，洗起来实在有些怨气冲天。这款微波炉版的砂锅焖鱼，是借鉴了粤菜砂锅焖鱼的思路，根据家里人的口味及家中现有调料进行制作的。当然，在家事先将鱼片片好腌制好，因地制宜地只用现有的微波炉，就能做出如此高大上的粤式名菜，比同几个小伙伴中午出去吃酸菜鱼可解馋又实惠多了——不能再多说了，你懂的。

主　料　鲈鱼 1 条

配　料　洋葱小半个，蒜头 6 瓣，三奈（干沙姜）2 块，葱 2 根，生姜 2 片，蒸鱼豉油适量，蚝油适量，鱼露适量，白胡椒粉适量，食用油适量，生粉少许，料酒 1 汤匙

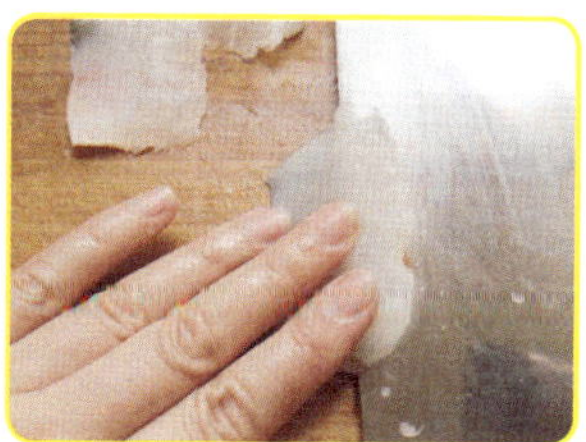

步骤

1. 鲈鱼宰杀去鳞及内脏，洗净；用厨房纸巾擦干黏液，从尾部开始顺着鱼骨片下鱼肉，将整条鱼片成两大片肉及一条完整的鱼骨。
2. 再将鱼肉切成4毫米左右的厚片（鱼片不要片得太薄，也不要片得太厚。太厚不易熟，过薄易夹碎，4～6毫米比较适宜，这对刀工短板的家庭主妇而言也很容易做到）。
3. 鱼头对半剖开，鱼骨斩成寸段。
4. 将鱼片、鱼骨、鱼头分别加白胡椒粉、蒸鱼豉油、蚝油、鱼露、生粉拌匀上浆，另加葱结、姜片腌制15分钟以上以入味（烹制时可将葱结、姜片剔除不用）。
5. 将洋葱切粒、葱切段、大蒜切去两头略拍松、三奈（干沙姜）切碎，置于砂锅底，倒2汤匙食用油后，盖好砂锅盖置微波炉内高火打3分钟，将葱蒜粒等爆香。
6. 取出砂锅，加少许蒸鱼豉油汁和1汤匙料酒拌匀，将腌制好的鱼头、鱼骨、鱼片从下到上按顺序一片一片码好，盖上砂锅盖放回微波炉高火打2分半钟。
7. 取出砂锅，打开盖子，轻轻用筷子将鱼片散开不粘连。
8. 撒上葱姜丝，再浇1汤匙油，盖上锅盖，继续高火打1分半钟即可。

特点：鱼肉嫩滑，香气浓郁，十分入味好吃！

① 豉油汁、蚝油、鱼露等都有咸味，所以这里省略了盐。请根据鱼的大小及自己的口味酌情考量是否需要加盐，切勿过咸。

② 用煤气灶火做砂锅焖鱼，总是因为各种顾虑使砂锅预热不足，而导致鱼肉粘锅糊底，严重影响菜品的品相和口味。用微波炉制作砂锅焖鱼，则很好地解决了这个难题：微波炉高效快捷的加热方式让鱼片受热均匀，水分汽化迅速，砂锅内部焖蒸的效果极佳；因为前期腌制到位，鱼片码入砂锅中加盖焖制，完全无需反复搅拌，更避免了鱼片散烂不成形的囧况发生，菜品的成功率极高，让人十分欣慰。

③ 鱼肉易熟，鱼片加热时间就不宜过长，第一次2分半钟，第二次1分半钟，这样火候的鱼片正好成熟且有韧性，结实而不易破碎。若时间过长，鱼片内部的汁水渗出，鱼片之间便会粘连板结，稍一用力便会散烂成碎片，变成一锅鱼渣，那就太惨了。

④ 如果鱼过大，建议只取鱼片做焖鱼，这样才好把握烹制时间；至于鱼头鱼骨就另行加工烧制，来个一鱼两吃好了。

⑤ 没有砂锅，用微波炉专用玻璃器皿亦可。

椰香咖喱牛肉饭

既然是花样米饭，深受追捧的各类咖喱饭当然是必须的。咖喱是以姜黄为主料，另加多种香辛料配制而成的复合调味料，味道辛辣带甜，具有一种特别的香气，伴着肉类和饭一起吃，十分开胃提神，增进食欲。充分运用超市里随处可见的各类加热即食的包装咖喱，制作一份异国风味浓郁的咖喱饭便当，其实十分方便快捷，超级适合好吃懒做之人。

这不，昨晚将牛腩炖熟，今早起来，先将米洗好，放入电饭煲内开始煮饭之后，才开始准备各种配菜；将牛肉与土豆、胡萝卜等加泰国红咖喱酱、椰浆一锅炖好，米饭还在锅里焖着没煮好。于是又一边用豆浆机打杂粮米糊做早餐，一边叫要上班的人起床。等他吃完早饭，这边喷香开胃的椰香咖喱牛肉饭已装盒完毕。然后，上班的人就十分满足地背着老妈准备的便当出门了。

咖喱常见于印度菜、泰国菜和日本菜。泰国咖喱又分青咖喱、黄咖喱、红咖喱等多个种类。因为加入了香茅、鱼露、月桂叶等特有香料，令泰国咖喱独具一格。其中以红咖喱为最辣，不习惯的人进食时容易流眼泪。故而泰国人喜欢用椰浆来减低咖喱的辣味和增强香味——所以，这款参照帅哥鬼蜀的方子做的十分泰国式的椰香咖喱牛肉饭属于重口味，怕辣的同学慎入。

椰香咖喱牛肉饭的做法

原　料　牛腩500克（分2次食用），红咖喱酱50克，椰浆50毫升，洋葱半个，土豆1个，胡萝卜1根，番茄2个，青椒2个，红椒1个，橄榄油2汤匙，鱼露1汤匙，盐适量

步　骤

1. 牛腩洗净切块，放入冷水锅中，开大火烧开沸滚5分钟后捞出，用清水将血水冲洗干净，沥干待用。
2. 将焯好的牛肉放入压力锅中，加水没过牛肉，加葱结、拍散的生姜和装有花椒、三奈的调料盒，盖好，设牛肉程序将牛肉炖软，拔去电源。第二天早晨再打开，将牛肉块捞出沥干，分成两份；牛肉汤待用。
3. 将土豆、胡萝卜洗净刨皮切块，洋葱洗净切块，青、红椒去籽切块，番茄用开水烫下去皮儿也切块待用。

4. 将切好的土豆块与胡萝卜块放入微波炉高火打5分钟，取出待用。
5. 炒锅置火上烧热，加橄榄油将洋葱炒香，下红咖喱酱炒香。
6. 将牛肉与土豆、胡萝卜块下锅炒匀，加牛肉汤没过原料，大火烧开后，加椰浆改小火焖5分钟。
7. 下番茄大火烧至汤汁浓稠，加入鱼露调味。鱼露又称鱼酱油，极咸极鲜，请根据个人口味酌情加减；不习惯鱼露味道的用盐调味即可。

特点：酸辣香甜，椰香浓郁。

兰姨秘籍

① 炖制牛肉比较费时，可以一次多炖一些，再按每次所需的量，连牛肉同汤一起，分别装入密封保鲜盒中置冰箱内保存：两三天内能吃完的直接置冷藏室内密封存放即可；不愿天天重复一个品种，想常换花样的就置冷冻室内保存，一个月内食用可确保安全无虞。只需于头天晚上取出，置于冷藏室中自然解冻，既可保持风味不变，又能有效降低冰箱冷藏室的温度，减少能量消耗，环保又高效。

② 土豆、胡萝卜等根茎类食材不易煮烂，可预先置微波炉中高火打5分钟，以替代传统的过油炸制环节，然后再进行烹制，既能使食材保持形状完整，又可以减少油脂的使用，高效又健康。

延伸菜品 1

帕南咖喱牛肉饭

上次做椰香咖喱牛肉饭时，留了一半炖好的牛肉连汤一起冻起来。头天晚上临睡前取出，放在冰箱冷藏室内自然化冻。早晨起来，将咖喱酱换成同一牌子的另一种口味：帕南咖喱酱，按相同的步骤切切煮煮，华丽丽的帕南咖喱牛肉便当又出炉了。当然，儿子又毫无意外地被辣得满头大汗，能量满满。

咖喱牛肉饭

终于，在试过辣的红咖喱之后，上班的人认为还是那种不太辣的黄咖喱比较合胃口，于是，日式的那种浓醇厚重的咖喱饭又闪亮登场了。

日本咖喱，因为加入了浓缩果泥，所以一般不太辣且甜味较重。日本大规模工业化生产的咖喱粉与咖喱块，所用的稠化物为奶油炒面糊，所以无需事先炒香，更无需添加盐、糖等其他调味料，只要稍微加热，淋在米饭蔬菜上即可食用。虽然不像印度家庭自制的咖喱那样味道千变万化、自在随心，却胜在够傻瓜够快捷，只要将原材料煮熟，按比例加入相应的咖喱粉或咖喱块并充分调和均匀，就可以尽享美味了，极其适用于零基础的“厨房小白”和上班族。

原　料　炖好的牛肉及汤1份，洋葱半个，土豆1个，胡萝卜1根，青椒1个，红椒半个，橄榄油2汤匙，日式块状咖喱100克

步　骤

参照椰香咖喱牛肉饭前4个步骤，将牛肉、土豆、胡萝卜、洋葱、青红椒分别处理至半成品后，将炒锅置火上烧热，用橄榄油将洋葱炒香，牛肉与土豆、胡萝卜块下锅炒匀，加牛肉汤没过原料，大火烧开改小火焖5分钟关火。将日式块状咖喱调料掰开后全部投入汤中，搅拌至咖喱块全部熔化，再打开火，用微火一边炖一边不停地翻炒，至咖喱呈浓稠的糊状即可。

番茄杂蔬烩牛腩

其实，牛腩不加什么咖喱，只单纯地用番茄炖也很好吃。而且，牛肉性温，番茄性凉，两者结合，不仅味道酸甜清香，营养更均衡全面。当然，爱心爆棚的老妈，生怕儿子蔬菜量不够，又加了花菜、青红椒、洋葱什么的，来个番茄杂蔬一锅烩，浓厚的汤汁拌饭吃，太有满足感了。

原　料　炖好的牛肉及汤1份，洋葱半个，番茄2个，花菜几朵，青、红椒各半个，青豆适量

配　料　番茄酱，盐，生抽，黑胡椒碎，橄榄油

步　骤

1. 参照椰香咖喱牛肉饭前2个步骤，将牛腩制熟；番茄、洋葱、花菜、青椒、红椒分别洗净切块，青豆洗净沥干。
2. 将炒锅置火上烧热，用橄榄油将洋葱炒香，下番茄块及2汤匙番茄酱继续炒匀，倒入炖好的牛肉及汤和青豆、花菜，用中小火炖至青豆面软，加盐及黑胡椒碎调味，大火翻滚至汤汁浓稠，起锅时放入青、红椒即可。

花样米饭

咖喱鸡肉饭

当然，咖喱各种饭，最不能忽略的当属咖喱鸡肉饭。相较于牛肉，鸡肉无疑是最适合做便当的快捷食材。两个鸡腿剔骨切块略略腌制再炒，不到 20 分钟，一份喷香醇厚的咖喱便当盒饭便可出炉。带到单位，中午的时候微波炉打个三五分钟，打开盖子的一刹那，当心招来全办公室仇恨的目光哦！

咖喱鸡肉饭的做法

原　料　鸡腿 2 个，生姜 1 片，洋葱半个，土豆 1 个，胡萝卜 1 根，蘑菇 4 个，青豆、甜玉米粒适量，日式块状咖喱 100 克

配　料　白酒，盐，黑胡椒碎少许，橄榄油 3 汤匙

步 骤

1. 鸡腿洗净，剔出鸡骨放入小锅中，加水没过原料，大火烧开撇去浮沫，放入生姜片，改小火炖鸡骨汤。

2. 将鸡肉用厨房用纸吸干水渍后，切成2厘米见方的大块，依次加入两三滴白酒和少许盐揉匀后，研磨少许黑胡椒碎拌匀待用。

3. 青豆、甜玉米粒洗净，土豆、胡萝卜洗净削皮成滚刀块，蘑菇洗净切块，洋葱洗净切块待用。

4. 另起煮锅烧水，将青豆、甜玉米粒焯熟，蘑菇块焯熟捞起沥干待用，土豆块、胡萝卜块装入微波炉专用器皿中高火叮5分钟取出待用。

5. 炒锅置火上烧热，倒入橄榄油，将腌好的鸡肉块下锅翻炒，至肉色变白，下洋葱块略微煸炒出香味后，依次下焯好的蘑菇块，打好的土豆块、胡萝卜块，翻炒均匀。

6. 将鸡骨汤倒入锅中没过原料，大火烧开，撇去浮沫，盖好锅盖改中火煮5分钟，至胡萝卜软烂，下青豆与甜玉米粒拌匀后关火。

7. 将咖喱块掰成小块全部投入锅中，慢慢搅拌至咖喱块完全溶解。

8. 将火调至最小，用微火炖煮至咖喱呈浓稠的糊状即可关火。浇在煮好的米饭上，一份美味可口的咖喱鸡肉饭便大功告成了。

兰姨秘籍

① 咖喱块是用多种香辛料复合而成，所需的盐味是足够的，但因为下锅后的咖喱很快便溶解呈浓稠的糊状，使咖喱味道很难深入鸡肉内部而仅附着于其表面，味道必定会受到影响，只需事先将鸡肉用白酒与盐、黑胡椒碎腌制再进行下一步烹制就可以了。而洋葱、土豆、胡萝卜等蔬菜原本就有着纯天然的香甜味道，更与咖喱的微辣咸香相互渗透，各为互补，就十分令人期待了。

② 土豆、胡萝卜等根茎类蔬菜比较难熟，用微波炉高火打5分钟左右进行提前的预制软化，可以节省时间并减少用油量，值得大力推广。

③ 鸡骨加1片生姜略为熬制，便是上好的汤底，千万不要浪费了。

椰香芒果糯米饭

芒果糯米饭是一道经典的泰式甜品。芒果和糯米饭要一同下肚才能吃出芒果糯米饭的精髓：芒果甜中带有的点点酸，可在转瞬间被软、黏、韧的泰国香糯米饭的甜味溶化掉——椰浆、糯米饭的甜蜜与芒果的清香，在嘴里悠悠地融化开来——心也要化掉了哦。正好前两天做椰香咖喱牛腩饭买的椰浆没用完，眼看要过期了，就换个口味做个甜口便当吧：椰浆加糖、油调好后替代部分水将糯米饭煮熟；芒果另切成块带到公司放冰箱里冷藏，中午吃时再撒到刚好凉度的糯米饭上。考虑到作为便当，椰香芒果糯米饭过于甜腻，顺手将前几日剩余的嫩莲子与才上市的栗子扔进米里一起煮；又现炒了一个酸辣开胃的手撕炝包菜，再加几块自制的烤鸭腿，华丽又别具风味的混搭便当就十分吸引眼球了。

椰香芒果糯米饭的做法

原　料　泰国长糯米 300 克，芒果 1 个，椰浆原汁适量

配　料　白糖 2 汤匙，猪油或无味食用油、盐少许，干净的粽叶 2 片

步 骤

1. 将泰国长糯米淘洗干净，放入电饭煲内，加入比正常煮饭略少的椰浆原汁与水的混合液体（椰浆原汁与水的比例为 1∶1）。

2. 再加入 1 汤匙白糖与小半汤匙猪油调和均匀，这样煮出的糯米饭才会很油润很香；如果没有猪油，就滴少许色拉油。盖好锅盖，设定到煮饭档开始，至饭煮好拔掉电插头；趁热将煮好的糯米饭扒拉散开，放置晾凉。

3. 等待饭凉的同时，备 1 小碗，倒入 2 汤匙椰浆，加 1 汤匙白糖与 1 小撮盐，置微波炉内打 20 秒至糖全部融化，制成椰浆糖水。将大部分糖水淋于晾好的糯米饭上拌匀，留少许待用。

4. 芒果一切为二，在无核的半个芒果肉上划十字刀（注意不要划破芒果皮），再将果皮朝下果肉朝上地翻开，漂亮的芒果花就做成了。剩下的半个芒果去皮去核切成果粒待用。

5. 双手戴上一次性塑料手套，再抹少许油于手套上，盛出适量拌好了椰浆糖水的糯米饭，用手团成大小适宜的饭团。

6. 把饭团放在洗净的粽叶上，撒少许芒果粒于饭团上，再淋上剩余的椰浆糖水，再将切好的半个芒果置于饭团旁，即可开吃了。

兰 姨 秘 籍

① 米请选用那种长的香糯米，煮出的糯米饭才够香够劲道。圆糯米总体上偏软偏黏，缺乏嚼劲；煮饭的椰浆与水的混合液要比平常煮饭的水量略少些，糯米饭才不过于软烂而影响风味。

② 米饭中调和适当的猪油会增加饭粒的香味和光泽度。若无猪油，可用提炼纯度高、清亮无味的植物油替代，以免油味过大喧宾夺主，抢了糯米饭的风头。

③ 想甜，加点盐。椰浆糖水中加少许盐，可以极大限度地丰富味道的层次感，也有很好的解腻功效，但要掌握好用量，一丢丢而已，切不可放多了。

菠萝糯米饭

菠萝上市的季节，来一个菠萝炒饭，Q弹的糯米饭加多多的虾仁，混合着浓郁的菠萝香气，热带风情扑面而来——专心上班了，不要想入非非哦！

菠萝糯米饭的做法

原　料　糯米200克，菠萝半个，大虾仁10个，鸡蛋1个，培根2片，蒸熟的自制香肠半根，水发香菇4朵，青豆、甜玉米粒适量

配　料　洋葱末，葱花，黑胡椒粉、盐、橄榄油各少许

步骤

1. 糯米洗净，于头天晚上泡起；香菇亦洗净，也用凉水泡发一夜。

2. 第二天早晨将泡好的米沥干，上蒸笼蒸20分钟至熟，取出透下热气。

3. 蒸饭的同时，准备配料：鸡蛋加少许盐调散煎成蛋饼后切成粒，发好的香菇、培根、香肠、洋葱切粒，青豆、甜玉米粒焯熟，虾仁也焯下脱水后切成大粒，葱洗净切成葱花。

4. 菠萝从中间剖开，剜出菠萝肉，尽量挖干净，做成一个拙朴的菠萝碗。

5. 将剜出的菠萝肉，切去菠萝心，取整齐的菠萝肉切成菠萝丁。

6. 炒锅置火上烧热，加2汤匙橄榄油，小火将培根、香肠粒爆出香味。

7. 下香菇粒继续炒香，下洋葱粒改大火略炒。

8. 下虾仁粒，焯好的青豆、玉米及鸡蛋粒炒均匀，加少许盐、胡椒粉调味（培根、香肠、鸡蛋都有盐味，注意控制盐量，勿过咸）。

9. 最后下菠萝丁略翻炒，再下蒸熟的糯米饭炒散。

10. 最后酌情撒适量盐翻炒均匀，盛起装入剜好的菠萝碗中即可。

兰姨秘籍

① 若家中有烤箱，可提前预热至200度，将装好的菠萝饭放入烤10分钟，菠萝香气会更加融入饭中，味道更好。

② 因为我用的是菲律宾进口的菠萝，十分香甜且不辣口，所以就直接使用了。若用普通菠萝，则需将菠萝丁用淡盐水浸泡一会儿，再沥干使用，以免刺激舌头。

③ 炒糯米饭时，糯米遇热会显得过于黏软，给翻炒带来一定困难，待起锅后稍凉一下会恢复Q弹的口感，尤其做便当食用，到中午吃时不用加热也很好吃。如果喜欢干爽劲道的口感，可用米饭替代糯米饭，正常煮饭程序将米饭煮好就可以使用。用普通米饭制作的菠萝炒饭，到中午食用时最好加热，加热方法请参照炒饭的加热方法。

④ 除了菠萝为必备，炒饭可以根据自己现有的食材随意添加，自己喜欢就好，不必拘泥于本菜谱。

延伸菜品

面包机版桂花菠萝酱

挖出的菠萝果肉和果芯舍不得丢，又切了个菠萝加个柠檬汁，打成果汁后就扔面包机里，不承想竟花了4个多小时，才制成酸甜可口的菠萝酱。虽然耗时过长，却是让人身心十分放松的愉快经历：整整一个下午，家里都回响着面包机旋转的轰鸣声，空气中也到处弥漫着酸酸甜甜的芬芳气息。当一缕夕阳从窗口照进屋内，更使人恍若置身于温暖的童话世界。心中唯愿时间能就此定格，如此悠闲静谧地熬到地老天荒。舀起一小勺这呈现着明媚的琥珀色光泽的果酱，轻抿入口中，那浓缩的精华，便以无比的醇厚与芳香存留在了唇齿之间，那份甜蜜真的是太让人沉醉了。

原　料　菠萝1个，菠萝芯1个，碎果肉约1000克，柠檬1个

配　料　白糖250克，桂花蜜1汤匙

步　骤

1. 将菠萝及芯全部切成小丁，柠檬去皮去籽剥出果肉，全部倒入豆浆机中，设定到果汁档打成碎果汁。
2. 将打好的果汁倒入面包机料桶，加入白糖，再将内桶装好，插上电源，设定到鲜美果酱档启动……慢慢熬去吧！一个程序完成，完全不成酱。于是再追加一个。又再追加一个，已显浓稠，但还不满意，于是停机让面包机休息20分钟，也利用余温让水分再蒸发些。最后第四次启动开机，快结束时加入闺蜜送来的桂花蜜——酸酸甜甜的空气中又增添了一缕迷人的桂花香，太美好了。

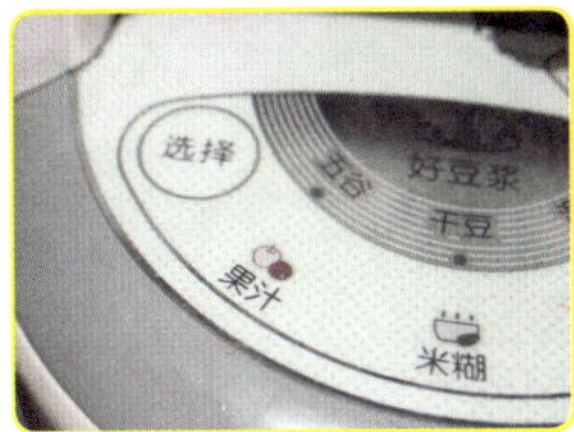

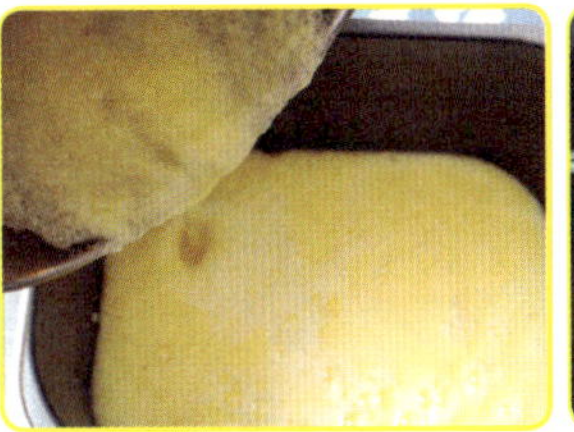

兰 姨 秘 籍

① 许多面包机熬果酱的方子都要添加吉利丁来增稠，这是因为面包机加热水分的蒸发速度比明火熬制要缓慢得多的缘故。其实毕竟不是人工操作，已经大大解放了劳动力，只要耐下心来慢慢等待，任凭机器在那儿周而复始地旋转，中间记得注意观察成酱状况，总可以熬出属于自己的那份甜蜜。所以，还是不建议添加各类增稠物质，多花些时间慢慢熬比较好。为了保留住桂花的香气，请最后10分钟时再放桂花蜜。

② 各种水果所含的果胶量差别很大，所以成酱的效果也不同。一般来讲，酸味强的果实，果胶的含量就较多；甜味强的果实，则果胶的含量就较少；同一个品种，未成熟时的果胶要多于完全成熟时。所以一般酸味强的水果较易制成果酱，而果胶含量少的果品则不易制成果酱。熬制果酱时添加一定比例的富含果胶的天然柠檬汁，不仅可以增加果酱的风味，让果酱更加酸甜可口，更是为了让熬制的水果更容易成酱；同时还可以促进蔗糖转化为还原糖，使制成的果酱不易返砂，更能有效地抑制微生物的繁殖生长，起到防霉防腐的作用。所以，除去白糖，柠檬是制作果酱的第一必备。

③ 因为这次菠萝量大水含量丰富，所以启动了4次果酱程序、耗时4个多小时才成功。而在本书《面包机版馒头》章节中展示的蓝莓酱，因为量小且易成酱，所以只用了2个程序就大功告成。要根据水果品种及用量灵活掌握面包机工作时间。毕竟机器是死的，人却是活的——这个活字，是灵活的活、活学活用的活。

④ 熬制好的果酱稍晾凉，要装入消过毒的瓶中拧紧倒扣置放至凉透，再放冰箱冷藏保存。因为没有使用防腐剂，所以保质时间一般不要超过两周。每次食用时要用干净的勺子将果酱舀出，再将瓶子拧紧盖好继续入冰箱保存。

⑤ 熬好的果酱可以抹面包做甜品。调入适量蜂蜜，将果酱稀释制成桂花菠萝酱料，浇在兰姨自己制作的紫薯山药糕或水果甜品上，酸甜适中，花香果香迷人，绝对是你抵挡不住的甜蜜诱惑。

花样米饭

咖喱虾仁蛋包饭

风靡大小日式餐厅的蛋包饭，不过是把蛋炒饭改头换面一下，将鸡蛋煎成厚薄均匀的蛋皮，再放上炒好的炒饭包好而已。对于能够制作各式蛋饺、蛋卷，甚至蛋烧卖的兰姨而言，包一个大大的炒饭蛋饺，貌似没有什么太高的技术含量。果然，只要皮儿够大，饭够少，包起来完全没难度。当然，这样一个蛋包饭对饭量够大的小伙子而言显然是不够的，那就再包一个——两个蛋包饭，有蛋，有虾，有豆，有菜，再加点咖喱，啧啧，香喷喷的！

咖喱虾仁蛋包饭的做法

原　料　鸡蛋2个，生粉小半匙，米饭1碗，自制香肠半根，虾仁数粒，洋葱、胡萝卜、甜玉米粒、青豆适量，生菜叶2片

配　料　油，盐适量，咖喱粉、胡椒粉、生粉、番茄沙司少许

步骤

1. 胡萝卜洗净削皮切丁，生菜洗净切丝，洋葱洗净切末，蒸熟的香肠切丁。

2. 玉米粒、青豆与胡萝卜丁入开水锅中焯水后捞出，虾仁焯熟切丁，新煮的米饭稍晾至饭粒松散不冒热气待用。

3. 锅中放少许底油，中火将香肠爆出香味；下虾仁丁与洋葱末继续翻炒，加少许盐与白胡椒粉调味；加甜玉米粒和青豆、胡萝卜丁翻炒均匀。

4. 倒入米饭，待米饭彻底炒散，颗粒分明时酌情加盐调味；撒入咖喱粉炒至自己喜欢的颜色，关火，撒入生菜丝拌匀待用。

5. 2 个鸡蛋打散成蛋液，加少许盐。

6. 取小半匙生粉加 2 汤匙清水，调匀后倒入蛋液中调和均匀。

7. 另取平底不粘锅置于小火上烧热，倒 1 汤匙油，将锅端起摇至锅底全部沾上了一层薄薄的油后，将多余的油全部倒出，再倒入蛋液摊成蛋皮。

8. 将炒好的虾仁咖喱饭挤拢在蛋皮的半侧略压实。

9. 将蛋皮对折，整好形，在边沿连接处倒少许蛋液，边压紧，边整形，至蛋皮完全黏合定型关火。

10. 装盘淋上番茄沙司即可。

兰姨秘籍

① 制作蛋皮时，在鸡蛋液里加水淀粉，是为了增加蛋液的流畅性和蛋皮的水润度及柔韧性。用小火把锅均匀加热后，锅里倒入少量油，并把锅端离火口，摇至锅底布满了油后，就需将多余的油倒出，待锅的温度降至60℃时，再倒入蛋液并持锅旋转，让蛋液流遍全锅；再把锅移至火口上，仍不断转动，至蛋液成皮收汁、边缘翘起时即可。蛋液不要全部用完，要留下一些黏合封口。

② 包饭不可贪多，蛋皮儿的强度有限，极易破裂。宁可少包点多做几个，动作要轻要快，接口处用预留的蛋液黏合时，可用锅铲轻轻按压黏结实，起锅时也要轻拿轻放，谨防破损断裂。

③ 和炒饭一样，蛋包饭的材料也可以随个人喜好随意搭配，自己喜欢就好。做便当加热时，请参照蛋炒饭的加热方式，注意加热时间与水分的蒸发问题，要洒少许开水在面上或在微波炉中置个玻璃水杯一同加热。

花样米饭

虾油炒饭

说到炒饭，一直是寻常百姓人家处理剩饭的最佳途径，不仅是最有妈妈味道的家常便饭，更是许多熊孩子入厨学做的第一道料理。虽然严格说来，炒饭并不适于做便当，但实在没菜或急就章时，偶尔做次炒饭，还是不错的权宜之计。而对于兰姨而言，那金灿灿的黄金蛋炒饭，更是爱恨交加，纠缠着许多挥之不去的记忆。

话说兰姨自恃厨艺尚差强人意，壮着胆子去《顶级厨师》踢馆，顺利地通过第一关的考验，成功进入到压力测试环节。更没想到压力测试的题目，便是“黄金蛋炒饭”。

扬州的蛋炒饭，风味各异，品种繁多，有“清蛋炒饭”“金裹银蛋炒饭”“月牙蛋炒饭”“虾仁蛋炒饭”“火腿蛋炒饭”“三鲜蛋炒饭”“什锦蛋炒饭”等等。烹调时将辅料炒成带卤汁的浇头，卤汁中加些酱油则称之为牙色炒，不加酱油就是所谓的白炒。而将炒热炒散的米饭加蛋黄颠匀，使每一粒饭上都均匀地裹上金黄的蛋液，就是所谓的金裹银“黄金蛋炒饭”。

压力测试环节开始。首先由帅帅的“品”委刘一帆老师做示范。只见他潇洒地脱去西装外套，高高挽起洁白的衬衫袖子，将铁锅置于火上，一边示范一边讲解：如何掌控温度，如何放油，如何打蛋，如何掂锅……一阵眼花缭乱之后，一盘金灿灿、香喷喷的黄金蛋炒饭就呈现在了眼前。然后就让我们所有的选手上台品尝那盘据说在五星级酒店要卖到 98 元一盘的黄金蛋炒饭。

我轻轻舀了一勺传说中的黄金蛋炒饭放在嘴里细细咀嚼，果真是不同凡响。只简简单单放了油、盐、葱花做少许调味的那盘炒饭，金黄的饭粒颗颗分明却不干硬，Q 弹且有嚼劲；葱香、油香、蛋香与米香弥漫在舌尖交相辉映。刘老师讲解时说过：要看到饭粒在锅中欢快地跳动！呵呵，想来，只有在锅中欢快地跳动过的饭粒，才会在你的齿颊间跳跃舞动吧！瞬间，做了几十年蛋炒饭的兰姨对压力测试题目的蔑视已荡然无存，心下一片迷惘，完全不知该如何炒饭了。

果然，梁子庚老师宣布规则：风味不限，标准却只有一个，必须是蛋黄均匀地裹住饭粒——完美体现金裹银特质者为胜！面对节目组提供的一堆配料，我只能一边努力回忆刘老师的每一个步骤与要领，一边机械地操作着。嘿嘿，真的不好玩呢，最无法执行的就是像刘老师一样潇洒地掂锅翻炒：那口铁锅是如此的沉重，拿起来都吃力，如何能掂动得起来！只好用锅铲尽力将饭团压散——这样的后果就是米饭受热不均，干的干，软的软，一团一团的，完全没有饭粒在锅中跳动的欢快场面。同时，潜意识中家庭主妇不浪费食材，一切只求适量、差不多的贤惠风范又开始作祟：全然忽略了每人只给了三个鸡蛋的现实，一呼啦就将半电饭锅的饭全部倒入了铁锅中——区区三个蛋黄如何能裹住这半锅的饭粒！然后，就没有然后了：望着一盘惨白白的炒饭，想想又不甘心，又倒回锅里再炒下，试图炒干些来强化下颜色与饭粒的质感。巡视的梁老师发现了我这一动作，温和地询问为何如此。我说，不够金黄。他说，为何不少放些饭，这样配比又对，又因量少可以掂动铁锅翻炒。我顿时如醍醐灌顶般茅塞顿开，但木已成舟，为时已晚。我的顶级厨师之旅早在饭倒入锅中那一刹那就止步了。正如梁老师所说，兰姨的蛋炒饭终归还是妈妈的蛋炒饭，离大厨级别的蛋炒饭还有不小的距离。好吧，我还是回家继续做个快乐的煮菜老妈好了。

回家以后，根据老师的指点，也参考了一些资料总结的小窍门做过几次黄金蛋炒饭，也取得了成功。总体而言，炒饭的关键除了炒制过程的火候，主料米饭的煮制也是十分重要的环节。一般用上等的白籼米或用新的白粳米为原料煮制米饭才在松硬度上较为理想。煮之前需用水将米淘洗干净，略浸后再下锅煮至熟透，以无硬心、粒粒松散、松硬有度为宜。饭要晾凉一下再炒。

炒饭时要防止焦糊粘锅，就必须将铁锅烧热。只有足够热的锅才能让饭粒的表面瞬间凝固跳动起来。刘老师操作时，是将锅烧热，将油倒入锅中，轻轻摇动着将油均匀地分布于整个锅壁，再将多余的油倒出，然后再将米饭倒入锅中，一边用炒勺轻轻压散，一边掂锅翻炒，很快就能看到饭粒在锅中噼叭跳动，这时再将事先分离调散的蛋黄液倒入并不停地掂炒；加入蛋黄液的饭粒会更加容易分散开来，这时再加入预先炒熟的虾仁等各种配料掂匀，加盐等调味，就是各种风味的黄金蛋炒饭了。

当然，作为家庭日常炒饭，还是以简单易操作为宜。但对要工作一天的人而言，尽管是急就章，还是要适当考虑下又当菜又当饭的双重功能，内容当然要丰富些才行。今天就做个虾油炒饭，有虾，有豆，有菜，有饭，十分高大上之外，营养也很丰富。

虾油炒饭的做法

原　料　北极虾 300 克，米饭 1 小碗

配　料　水发香菇 3 朵，青豆、甜玉米粒、盐、葱、姜、料酒、白胡椒粉各少许

步 骤

1. 将青豆与玉米粒焯熟，水发香菇洗净切丁，葱分别切成葱花和葱段待用。
2. 将北极虾从冰箱取出化冻。至表面冰块消去稍微软化即可，切不可完全解冻，这样才能保证虾的水分不流失，口感味道才好。
3. 折下虾头待用，剥出虾仁待用。
4. 炒锅置火上擦干水，冷锅倒入 2 ~ 3 汤匙油，将虾头与葱段、姜片放至冷油中，小火慢慢煸炒，要不时用锅铲压压虾头，以滗出虾膏。
5. 熬至虾头酥脆，油色变红，盛出虾头沥油，虾油留锅中。
6. 改大火将香菇丁煸香后下虾仁快速翻炒，烹入少许料酒去腥，加少许盐、白胡椒粉调味。
7. 加焯好的青豆和玉米粒炒匀。
8. 放入冷米饭炒热炒散，加入葱花炒匀即可。虾仁好多！超过瘾的！

① 北极虾因产自北极附近海域，虾有淡淡甜味而得名。当然，除了淡淡的甜味，虾本身也有淡淡的咸香，所以，不用加过多的调味也很入味。用北极虾来做炒饭的配料，既有鲜虾的鲜美，又有开洋的嚼劲，当然是极好的。虾头也不要浪费了，拿来熬虾油，拌面、焖饭都很好。可以一次多熬些虾油装入容器中慢慢吃。而炸酥的虾头撒点椒盐酥酥脆脆，就是很好吃的补钙零食了。记得要冷油小火慢慢熬，虾油才浓，虾头才酥。

② 因为家庭炒饭多为剩饭制作，所以做便当的风险比较大。尤其是在气温较高的夏季，回锅炒制后的剩饭再放到中午，即便有微波炉加热，炒饭变质的风险指数依然较高。因此，若想做炒饭便当，还是建议用新鲜出炉的米饭稍晾下再炒制，不仅安全，再加热之后的软硬度亦佳。另外，用微波炉热炒饭，要略洒些开水在饭里，或直接置装水的玻璃杯于微波炉中与炒饭一起加热，就可以有效地保住炒饭中的水分不被过度蒸发，防止炒饭过分干硬；微波炉工作的时间也不宜过长，先高火打 2 分钟，再根据情况酌情追加。

奶酪海鲜焗饭

不擅长西餐的俺，对奶酪的认知相当浅薄：只知道用这种马苏里拉奶酪可以做出比萨上面那种拉丝，还可以用来各种焗。至于什么可以做慕斯，什么可以做轻乳酪，提拉米苏要用哪种奶酪……各种菜谱上虽然写的都是奶酪，可是用过了才知道此奶酪非彼奶酪。究竟要怎样区别，还真让人抓狂。尤其像俺这种年龄大外语又不好的老妈，光正确地认识和读出那些十分洋气的各种奶酪名称就万分困难，更别说弄清楚其中的子丑寅卯了。于是，就不想再为难自己，先将一种奶酪搞清楚弄明白好了——这不，用马苏里拉奶酪焗出的各种便当就十分上得了台面、压得住阵脚，先生笑称是“用筷子吃的西餐”。哈哈，管他用筷子还是叉子，好吃才是王道。

所谓高格调的奶酪焗饭，归根结底还是各种炒饭的升级版，正如所谓比萨，不过是当年马可·波罗学我中华的馅饼不精，只得将馅料堆在饼面上，改头换面一下，就成了洋气的比萨一样。将米饭炒好，配以土豆泥，极其符合营养学家提倡的精白米面要与薯类配合起来吃，才能为人体提供均衡的营养和足够的膳食纤维。其实，做的时候真没有想这么多，只是觉得奶酪配上薯类的味道极其美妙，就完全不顾焗饭里是不是应该有土豆泥，反正因为喜欢奶酪焗红薯、奶酪焗土豆泥之类的小食，就干脆来个糊里糊涂一锅焗了。带便当的人也兴冲冲地欣然接受，并详细询问清楚了中午吃的时候该怎样用微波炉加热，虽然没有新鲜出炉时完美，却因为料足实惠而完胜某客的外卖，表示很满意。

奶酪海鲜焗饭的做法

原　料　米饭2碗，土豆1个，虾仁12粒，鱿鱼圈8个，火腿1片，口蘑3个，洋葱半个

配　料　马苏里拉奶酪100克，青豆、甜玉米粒少许，千岛酱4小匙，盐、黑胡椒碎、罗勒碎、橄榄油各少许

步　骤

1. 土豆洗净削皮切成厚片，上锅蒸至用筷子能轻轻戳烂。
2. 沥去蒸碗里多余的水，趁热用叉子按压成土豆泥，一边按一边加千岛酱拌匀；最后调制成味道香浓、细腻丝滑的土豆泥（许多“童鞋”喜欢用勺子压泥，悄悄告诉你：叉子比勺子好用又省力）。
3. 蒸土豆的同时，将虾仁、鱿鱼圈、洗好切片的口蘑、青豆、甜玉米粒焯熟，洋葱切粒，火腿切丁。
4. 炒锅置火上，加少许橄榄油小火将火腿丁爆香，再下洋葱粒炒香。
5. 改大火下虾仁与鱿鱼圈继续翻炒，同时加少许盐、罗勒碎与黑胡椒碎调味，加青豆、甜玉米粒与口蘑继续翻炒，最后下米饭炒拌匀，并根据口味加适量盐调味即可关火。
6. 将炒好的米饭分别盛入烤箱专用器皿，每个容器装至约三分之二的位置。

7. 将制好的土豆泥均匀地铺在炒饭之上，并稍微压平整，盖满马苏里拉奶酪丝。
8. 放入预热好的烤箱中层，上下火 200 度约 15 到 20 分钟至奶酪金黄即可。

兰姨秘籍

建议使用稍晾凉后的新鲜米饭来做焗饭便当，可以省去炒饭的环节，而是将新鲜的米饭与炒好的配料直接拌匀，然后装盒入烤箱烤制，这样可以保持饭粒的水润度。吃时用微波炉加热，也需将奶酪饭盒与装水的玻璃杯一起置于微波炉中，先高火 2 分钟，再根据情况酌情追加时间，以免奶酪过于干硬板结。

延伸菜品

奶酪焗海鲜蘑菇土豆泥

原　料　土豆1个，番茄4个，虾仁12粒，雪蟹腿8根，小脆肠3个，口蘑3个，洋葱半个

配　料　马苏里拉奶酪100克，青豆少许，千岛酱4小匙，盐、黑胡椒碎、罗勒碎、橄榄油各少许

步　骤

1. 土豆洗净削皮切成厚片，上锅蒸至用筷子能轻轻戳烂。
2. 沥去蒸碗里多余的水，趁热用叉子按压成土豆泥，一边按一边加千岛酱拌匀；最后调制成味道香浓、细腻丝滑的土豆泥。
3. 蒸土豆的同时，将虾仁、雪蟹腿、洗好切片的口蘑、青豆焯熟，洋葱切粒，小脆肠切丁。
4. 炒锅置火上，加少许橄榄油，不必烧热直接下洋葱粒小火炒香。
5. 改大火下脆肠丁爆香，加青豆与口蘑继续翻炒，同时加少许罗勒碎与黑胡椒碎调匀，加少许盐调味，最后加虾仁与雪蟹腿翻炒片刻关火，晾凉。

6. 将调好并晾凉的土豆泥与炒好也晾凉了的配料拌匀。

7. 番茄洗净，切去蒂根部，用小勺将瓤挖出，做成番茄盅。

8. 将调制好的海鲜土豆泥压入番茄盅内约三分之二满。

9. 马苏里拉奶酪切成细丝。

10. 烤箱预热上下火 200 度；烤盘蒙上锡箔纸，将装好土豆泥的番茄盅摆放在烤盘上，盅内撒上奶酪丝。

11. 将摆好番茄盅的烤盘放在中层架上，200 度加热 15 到 20 分钟至奶酪呈金黄色即可。

特点：奶酪量足味浓，拉丝长；土豆泥丝滑香软；虾仁、雪蟹腿、蘑菇、青豆颗粒大有质感，十分过瘾——亮点是烤过的番茄盅，酸甜多汁，十分解腻。

兰姨秘籍

① 西餐除了各种奶酪让人眼花缭乱外，在调料的运用上还是相对简单些，比如黑胡椒、罗勒、番茄酱和超市有售的各种沙拉酱等都是西餐菜鸟入门的好帮手，像这款千岛酱酸甜咸香，调制出的土豆泥就很好吃；马苏里拉奶酪是属于有咸味的奶酪品种，新鲜的虾仁、雪蟹腿等海鲜本身也有一定的咸甜味道，小脆肠等肉制品味道也足够了，所以整个馅料的调制过程几乎可以不用盐，口味重的小伙伴最多在炒制蘑菇、青豆时加一丢丢盐就足够了。

② 各种烤箱的容积与特性都略有不同，烤箱温度的设定还需根据实际情况略做调整，火候不到或过头都会影响到成品的品质，初次使用要注意观察。

石锅拌饭便当

一直追韩剧的后果，就是忍不住要尝试各种韩国料理——石锅拌饭当然不可或缺。有肉，有蛋，有菜，有饭，韩国泡菜与拌饭辣酱又极其开胃爽口，是儿子喜欢带的便当之一。

石锅拌饭的做法

原　料　大米300克，糯米30克

配　料　胡萝卜，菠菜，黄豆芽，新鲜的黄花菜，金针菇，芥蓝，牛肉100克，泡菜，鸡蛋

调　料　韩国拌饭辣酱，蚝油，盐，黑胡椒碎

步 骤

1. 将2筒大米（300克）与糯米（30克）掺到一起，洗净。如果喜欢硬些的饭，可以不用糯米，全部用大米煮饭；喜欢吃软些的，就加糯米，但糯米的量不要超过大米的十分之一。加水（用食指量一下，水的表面距米表面约一个半手指节），滴几滴色拉油。盖好盖子，插上电源，按一般煮饭程序开始煮饭。

2. 煮饭的同时，准备拌饭的配菜：胡萝卜、菠菜、黄豆芽、新鲜的黄花菜、芥蓝、金针菇等洗净切丝，牛肉切丝加蚝油、黑胡椒碎腌制码味，韩国泡菜及拌饭辣酱备好待用。

3. 新鲜的黄花菜有少量毒素，必须焯过水，才可进行下一步加工；金针菇也需焯熟。

4. 分别将各种丝炒熟。每样菜都加少许盐调下味。注意：一点点盐就够了，因为后面还要用辣酱和泡菜拌饭，所以切不可用盐过量。炒黄豆芽一定要炒熟。芥蓝稍微炒下就可以了，以保持口感爽脆。以此类推，将所有的配菜加工熟。

5. 戴上一次性手套，将所有的丝码整齐。这时饭也快好了，另起锅煎一个单面熟的鸡蛋，再利用煎蛋的油锅将牛肉丝滑熟。

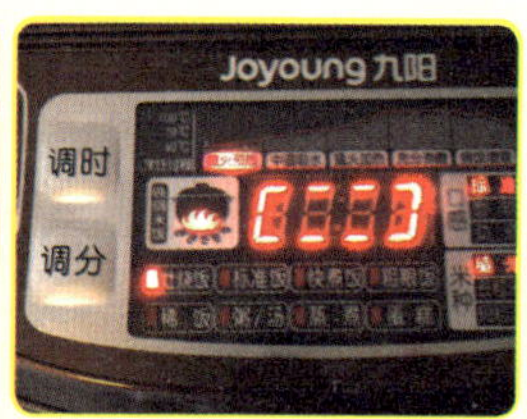

6. 饭煮好了，打开盖，快速将各种丝整齐摆放在米饭上，牛肉丝放在中心，然后将鸡蛋放置在牛肉丝上。

7. 再次盖上电饭煲盖，设定保温10分钟，加入拌饭辣酱和泡菜，拌匀——开动！

兰姨秘籍

① 这是一家三口的量，步骤6纯粹是为了拍照才码放整齐的，自家人吃，将所有原料直接入锅，用专用的饭勺将饭、菜、酱在锅里拌匀了就可以了。

② 许多同学是直接将各种菜焯熟而不用油炒。因为要装便当盒，焯熟的菜终归水分太大，等到中午吃时，一方面担心水把米饭泡烂，另一方面更担心饭菜变质。而用少量的油炒菜，有利于持久保持拌饭的干爽度与延长保质期。如果是即吃即拌，则焯、炒随意。

③ 拌饭配菜可根据时令和个人喜好随意增减，个人认为泡菜、黄豆芽、金针菇、胡萝卜、菠菜为必备，其余自便。

特别推荐 1

快手版辣白菜

鬼鬼赵歆宇背着妈妈亲手制作的辣酱，辗转沪杭历时半个多月才到南京。这两个人肉快递来的瓶子让兰姨感动得想哭：他生怕分量不足，硬是装得满满的，以至于密封的瓶盖都挡不住外溢的辣油——不知他满箱的漂亮衣服有没有沾上这浓浓的大蒜味和油渍。鬼鬼说妈妈的辣酱是他大学时代应付食堂菜系的神器，用妈妈亲手做的辣酱拌饭他才得以帅帅地活下来——当然，有浓浓的妈妈的味道的陪伴，漂泊在外的日子心中也一定是暖暖的，不会太孤单吧！这两个满满地承载着另一个母亲深情厚谊的瓶子，瞬间变得沉甸甸的——如此珍贵的辣酱只有用心食用，才不辜负赵妈亲手制作的美味。

鬼鬼是延边人，赵妈辣酱与韩国辣酱有着天然的接近，却比韩国辣酱更多了份亲切与熟悉。用来拌饭就太过奢侈了，好东西当然要细水长流慢慢享用。于是将家中现有的一棵白菜切开洗净，晾干后用盐一片一片揉抹均匀，再压上重物腌渍 4 个小时之后，用力挤去腌出的水，再一片片地抹上珍贵的辣酱，装入密封盒中置冰箱冷藏一夜，速成辣白菜就可以吃了。在便当盒中装了那么一小撮，中午的米饭听说消耗得特别快。

兰姨秘籍

对风味酱料的巧妙运用，除了拌饭，一直是成就各种美味的捷径，烹饪亦因此变得简单而有趣。比如，在海外被奉为尊贵调味品的老干妈，不仅让所有外卖族成功地化食堂菜系为神奇，更是厨房里成就各种香辣菜肴的调味神器；郫县豆瓣酱则是制作回锅肉、麻婆豆腐、鱼香肉丝的不可或缺的调料；腐乳汁运用于红烧肉中的画龙点睛；湘菜的剁椒酱、风味豆豉，韩国的辣酱，日本的味噌，意面番茄酱以及泰式的咖喱，酱油的传统与怀旧，生抽的清亮与鲜香，老抽的浓郁与厚重，蚝油的咸鲜与回味……各种酱料，带着浓厚的地域风情。多多选择，多多尝试，独具的“酱”心会让众多厨房小白快速掌握各国的风味精髓，华丽转身成为各式料理高手。

特别推荐2

同样是粉蒸排骨，用兰姨自制的蒸肉米粉，加郫县豆瓣酱就是传统风味；加腐乳汁，便多了份咸鲜醇香的惊喜；或者，只用蚝油调味，简单却鲜美……不同风味的粉蒸排骨，因为方便又解馋，不经意间就成了兰姨便当中出镜率颇高的快手菜。

花样米饭

寿司便当

所谓便当，细究起来，当是日语中盒装餐食“弁当”（音 bentou）一词的音译，随着“盒饭”一词的被嫌弃，洋气的“便当”最先在台湾被广泛应用，成为一切午餐、外卖、工作餐等盒装便餐的代名词。所以，尽管对生冷有所顾忌，最便当的日式料理寿司，还是应该在老妈的午餐便当里占有一席之地。

作为完全不知特供为何物的最最平凡的百姓人家，被各种食品安全的恐怖传说吓到，让俺对生食冷菜退避三舍，哪怕是广受追捧的鱼生等日式料理，不仅从不在外食用刺身鱼片之类，更不购买任何外卖的寿司饭团成品——无他，纯属个人心理障碍无法克服。

其实，只要材料选择得当，品质确保新鲜，寿司饭团还是十分好吃且健康的便当品种。千万不要以为不用煎煮烹炸可以直接生食的料理简单省事——没有加热消毒的环节，生食菜蔬对卫生及种植环境的要求就必须更为苛刻严格，绝不可以掉以轻心；在品种的选择上，也必须是如黄瓜、胡萝卜之类易保存易清洗的适宜食材，尤其带午饭用的寿司便当，更必须是清晨一大早起来，现煮现卷现切现装的最新鲜出品。因为关系到家人的健康，任何环节都不敢马虎大意。

寿司的做法

原　料　大米200克，糯米20克，油，寿司醋3汤匙，寿司专用紫菜8张，黄瓜2根，萝卜2根，生菜数片，鸡蛋3个，午餐肉或西式火腿200克

专用器具　寿司用卷帘，一小碗凉开水，一次性塑料手套

步　骤

一、寿司饭的制作：

1. 大米加糯米淘洗干净，放入电饭煲，按米与水1比1的比例加入清水，再放小半匙无色无味的色拉油或玉米油，按正常煮饭程序将饭煮熟。

2. 饭煮熟后，取出电饭锅内胆，趁热按1碗饭加1汤匙醋的比例加入寿司醋——220克米煮出来大约是3碗饭的量，所以需加3汤匙醋（如果把握不准，还是用全宇宙最通行的方法——边试边尝，少少地加，直到自己满意为止），用木勺将醋和饭轻轻搅拌，至饭粒全部散开无结坨即为拌匀，在锅上盖一块干净的湿布，置一旁晾至40度左右（用手试下不凉不烫）即可。

二、寿司馅料的准备：

1. 趁煮饭和等饭凉的间隙，准备卷寿司的馅料：黄瓜、胡萝卜、生菜洗净晾干水渍，胡萝卜刨净皮，黄瓜薄薄地刮去少许青皮，生菜切丝。

2. 鸡蛋打散调匀，加少许盐调味。

3. 取小型的平底锅置火上烧热，倒少许油铺满锅底，再将多余的油倒出，将调好的蛋液倒入锅中小火烘至蛋液凝固，小心翻面再烘，至厚蛋饼熟透取出，切成适宜的长条状。

4. 午餐肉或西式火腿亦改刀成适宜的长条。

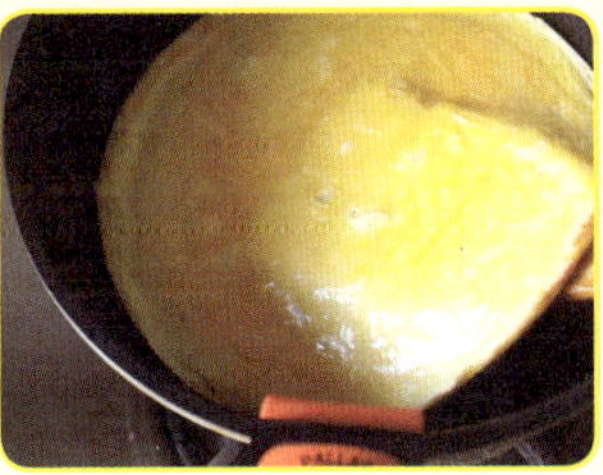

三、卷寿司：

请戴上一次性塑料手套进行操作，不仅是出于卫生方面的考虑，更主要的是可以有效地避免饭粒黏手的麻烦。

1. 将紫菜平铺在展开的竹帘上，把米饭握在手中捏软，快速将米饭均匀地平摊在紫菜上（米饭厚度大约0.5 厘米），轻轻压瓷实。

2. 再将备好的黄瓜条等馅料放置于米饭的中央。用竹帘裹住紫菜和米饭将馅料慢慢卷紧，卷好一圈撤出竹帘，再继续卷继续撤，直至全部卷完。

3. 把卷好的寿司切成段装盘。切时在刀上蘸少许凉开水，可以防止米粒黏在刀上，使寿司卷切面平整美观。

兰姨秘籍

① 寿司饭对米和锅的要求都较高，要想用普通的厨具煮出一锅又软糯又Q弹的香甜寿司饭，对米和水的配比还是要认真讲究一下。一般而言，米和水的比例大致为1:1，即1杯米对1杯水。如果一次煮的寿司饭较多（5杯以上），则应适当减少水的用量，例如6杯米只需加5杯水就可以了：因为原料多，电饭锅加热沸腾所需的时间就会相应增加，米在水中浸泡的时间亦相应增多，所以要适当减少水量，才能保证煮好的寿司饭不会过于软烂。

如果没有专用的寿司米，用普通的大米煮寿司饭，则需按10比1的配比（即10份大米配1份糯米的配比）添加适量的糯米，并加小半汤匙无色无味的色拉油或玉米油，才可以让煮出的米饭达到油润Q黏的理想状态。

② 寿司醋是寿司的基本调味料，平常不太容易碰到，一般要在比较高档的超市才会有现成原装的寿司醋出售，价格当然贵得惊人。俺这一瓶寿司醋是下了巨大决心才出手购置的，主要是想感受下正宗寿司醋的味道，并以此为范本自己进行调制。经过多次尝试，总算按以下比例调制出了十分接近的味道，有兴趣的读者可以在家自己动手了。

特别奉献

一、寿司醋的调制与保存

原　料　盐、糖、酿制糯米白醋

步　骤

1. 按盐、糖、醋1：5：10的比例，取自己所需的量进行配制。
2. 三种原料按比例调匀后，倒入锅中，小火慢熬至糖全部溶化、出现少量小泡且尚未沸腾时关火。加热时切记不可令醋沸腾，以免降低醋的酸味。
3. 晾凉后置干净无油无水的瓶子内密封冷藏保存，可以长期食用安全无虞。

二、香煎寿司卷

由于过高地估计了吃货们的食量，卷好的寿司没有一次全部消灭掉。剩下的立即放入保鲜盒中密封置冰箱保存到了当天晚上，米粒就有了回生的感觉。对于吃惯了传统中餐的肠胃，过于冰冷的食物总还是忌惮三分。于是，便支起平底锅，倒了少量橄榄油烧热，想把剩下的寿司卷两面略煎热再吃。不承想却格外的焦香酥脆，好吃得停不下来。从此以后，总会特地多卷几个专门煎来吃，也算是意外收获的美味了。

陆式照烧鸡排饭

尽管去《顶级厨师》踢馆铩羽而归，却因此认识了鬼蜀赵歆宇和帅帅的陆晋这些可爱的小朋友，实在是一件令人十分开心的事情。

听说兰姨在写书，暖男陆晋十分贴心地问：有什么可以帮到你？兰姨听了大为受用，便倚老卖老请陆老板友情奉献一道便当菜谱，并点名要求是他店里最热销的“陆式照烧鸡排饭”。要知道，在日本游历生活多年的他，对日料的制作颇有心得，这道“陆式照烧鸡排饭”正是他店里的人气爆款，广受粉丝追捧。陆老板果然爽气，当即便应承下来，很快就发来了详细的步骤图与配料说明，一点都不藏私，让人好感动。晋哥哥的粉丝这下有福了——这可是正宗原版的陆晋原创菜谱，还不赶紧收藏了！

陆式照烧鸡排饭的做法

原　料　鸡腿 2 个，包菜半棵，胡萝卜半根，鸡蛋 1 个，海苔少许，葱花少许

配　料　盐、黑胡椒碎、黄油适量，陆式照烧汁

步 骤

1. 先熬制陆式照烧汁：将日本浓口酱油100毫升、味淋30毫升、糖30克、麦芽糖30克倒入小锅，小火炖煮约5分钟至酱汁略显黏稠即可。

2. 大鸡腿2个去骨，剔除掉多余的油脂待用。

3. 包菜、胡萝卜切细丝，加少许黄油和盐炒至变软，铲起待用。

4. 1个鸡蛋调成均匀的蛋液，用平底锅摊成蛋皮，切细丝备用。

5. 海苔直接用明火小火两面各烤5秒钟，剪成细丝备用。

6. 平底锅加少许油，烧热后将备好的鸡腿皮朝下放入锅中，改中火煎至皮呈金黄色、鸡油大量渗出，翻面再中火30秒即可关火。

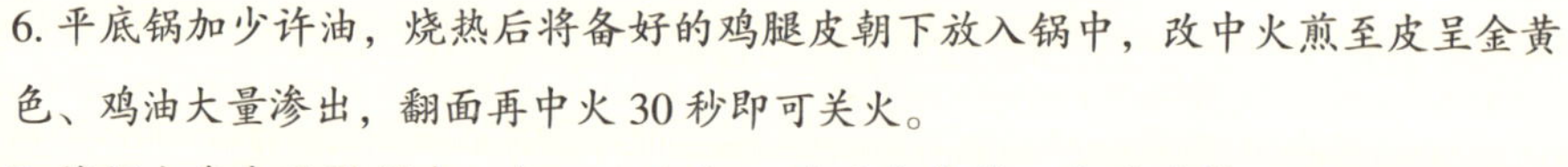

7. 将锅内多余油脂倒出，加入三分之一的照烧酱料，晃动鸡排，用锅内的余温将酱汁裹在鸡排上。再开火将剩余酱汁分三次加入，收汁关火，取出切成整齐的鸡排。

8. 取一半米饭盛入饭盒，均匀撒上一半的海苔和蛋丝，淋少许酱汁；再均匀盖上一层米饭，同样撒上另一半海苔和蛋丝，放切好的鸡排和炒好的蔬菜丝，淋上剩余的酱汁，撒少许胡椒碎和小葱花即可。

陆老板秘籍

① 鸡排煎制过程中切忌频繁翻面，这样容易造成水分过分流失，使鸡排失去鲜嫩多汁的口感。一定要将鸡皮煎至金黄色、鸡油大量渗出再翻面；翻面之后仅需30秒就得关火，要利用煎锅本身的余热将鸡肉焖熟；鸡腿翻面之后，要将多余的油脂倒出，才能使菜品清爽干净不油腻。

② 第一次倒入照烧汁时，还是要继续利用煎锅的余温将酱汁裹在鸡排上。因为照烧汁中含有大量的糖分，极易焦糊，切忌过分加热，以确保鸡肉色泽金黄漂亮。待锅内温度下降，鸡排挂浆均匀，再开小火将剩余的酱汁分三次加入再收汁即可。

③ 酱汁是照烧鸡排饭的精华所在，浇在米饭上有画龙点睛的妙用。所以酱汁不可收得太干，要预留出充足的酱汁可以拌饭用。如果收得过干，可以加一点水来挽救，但味道就要大打折扣了。

兰姨版照烧鸡腿饭

对于兰姨而言，陆晋使用的许多配料都十分陌生。比如味淋，完全不知是何物。经认真请教，搜索后获得如下信息：

味淋（也写作“味霖”），即将烧酒、米曲及糯米混合，使之发生糖化作用，历经一两个月后再经滤制而成的带黄色的较甜的透明酒。简而言之，就是一种含有酒精、多糖分、高甜度的酒类调味品，在日本料理中必不可少。

味淋有如下作用：

1. 烧煮食物时，延缓食物内部蛋白质变性、增加食物的保水性，防止食物煮碎、变形，可保持食物的漂亮形态；

2. 防止食物风味物质的溶出，增加食物的柔软性，使食物更加鲜美可口；

3. 食物烧煮后，赋予其漂亮的光泽；

4. 改良食物的香气，赋予食物典型的日本式的香甜之味；

5. 使各种材料之间紧密结合；

6. 去腥、消臭、防腐、杀菌。等等。

从以上注解可以得知，糯米加酒曲发酵而成的味淋，从性质上讲与咱们中华料理中被广泛使用的醪糟（甜酒酿）应该极为近似。请教陆晋，答曰：味淋浓度要更高更黏稠些，挂汁效果也更强。于是，兰姨中国大妈改变世界的习性又开始发作：毕竟咱不开店，那些味淋、麦芽糖之类平时极少用到，如果特地买回来，最后的结果必定是造成不必要的浪费——如果用蜂蜜替代麦芽糖，既增加了酱汁的甜度又强化了其黏稠度，岂不一举多得？一不做二不休，立即着手试验起来。嘿嘿！中国大妈的威力果然强大，调配出来的照烧汁几乎可以乱真，从此，兰姨的便当又增加了新的内容。

兰姨版照烧鸡腿饭的做法

原　料　鸡腿2个

配　料　生抽90克，甜酒酿40克，料酒10克，蜂蜜30克，糖30克，黑胡椒碎、盐、白酒少许，生姜2片

步 骤

1. 大鸡腿去骨，剔除掉多余的油脂，在手上倒少许白酒将鸡腿肉揉匀，再倒少许盐用同样方法揉均匀，研少许黑胡椒碎拌匀，加入姜片腌制 1 小时。

2. 熬制照烧汁备用：将 90 克生抽、30 克蜂蜜、30 克白糖、10 克料酒与过滤干净的 40 克甜酒酿汁倒入小碗调匀，放入微波炉高火打 3 分钟（注意观察，不要加热时间过长导致酱汁沸腾外溢），使酱汁充分溶解调和。

3. 平底锅加热放油，将腌制好的鸡肉皮朝下放入锅中，中小火煎至鸡皮金黄色、鸡油大量渗出，翻面再中火 30 秒关火。

4. 将锅内多余油脂倒出，加入三分之一的照烧酱料，晃动鸡排，用锅内余温将酱汁均匀地裹在鸡排上。再开火将剩余酱汁分三次加入，收汁关火，取出切成整齐的鸡排，淋上酱汁，摆上蔬菜即可。

兰姨秘籍

① 鸡肉剔骨之后，最好先用少许白酒与盐码下味，再用黑胡椒碎与生姜片腌制 1 小时以上，可以使鸡肉更加入味，从而避免浓稠的照烧汁只附挂在鸡肉表面而无法深入肉中的缺憾。之前曾用生抽加料酒加蜂蜜调制的酱汁腌制鸡肉，入味的问题是解决了，但因为蜂蜜加热后极易焦糊，使整个鸡腿呈黑乎乎的焦糖色，不仅影响美观，焦糊的味道也十分令人沮丧。故改用少许白酒与盐先码下味再煎制的方法，效果极好。此环节务必要掌控好盐的用量，因为照烧汁中生抽的量足够咸，故只需少少的盐用手揉匀就可以了。抹盐之前先抹少许白酒，是为了强化功效，让盐能够迅速渗透到鸡肉中去。

② 这里使用的酒酿是兰姨自己制作的（制作方法在兰姨的书《温暖传家菜》之《自制甜酒酿》中有详细的步骤），浓度和甜度都很高。若使用超市所售的成品酒酿，建议适当增加用量，同时蜂蜜的量也要相应增加，才能达到理想的甜度、黏稠度及挂汁效果，煎出的鸡腿才有漂亮的光泽。

③ 熬制照烧汁使用微波炉高火，纯粹是为了偷懒少洗一次锅所致，效果却极佳，比用小锅明火熬更容易成功。重点是要注意观察火候，如果酱汁开始沸腾就得及时取出，避免加热时间过长造成外溢。

特别展示

兰姨版照烧鸡翅饭及照烧鸡翅便当。

肉丝炒面

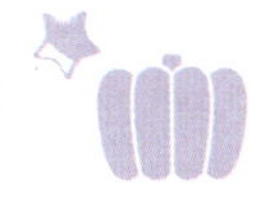

博大精深的中华料理中，绝对不可少了面条这一主打项目。用面条制作便当，最适宜的方式当然是各种形式的炒面，一个便当盒里全是货真价实的干货，有面有肉有菜，好吃又抵饿，重点是与米饭便当相比，可以少带一个便当盒，这对每天挤地铁上班的人而言，是相当减负的一件事情。

肉丝炒面的做法

原　料　机制面150克，肉丝100克，鸡蛋1个，青菜心3棵，水发木耳4朵，青蒜叶1根

配　料　盐、白胡椒粉、老抽、生抽、蚝油、姜末、生粉适量，橄榄油2汤匙

步　骤

1. 备料：瘦肉洗净切丝，加少许盐、白胡椒粉、姜末、蚝油调味后，加生粉拌匀上浆待用；菜心洗净切丝；水发木耳洗净切丝；青蒜叶洗净切段待用。

2. 煮锅置大火上烧水煮面条：水开后下面条，用筷子搅散使面条勿粘连，至水再次沸滚后迅速将面条捞出，勿久煮，略有硬芯为佳。

3. 将面条用凉水快速冲凉沥干待用。

4. 炒锅置火上烧热，倒 2 汤匙橄榄油，打入鸡蛋煎成两面黄的荷包蛋，铲起，底油留锅内；将肉丝炒散至变色；依次下木耳丝、青菜丝翻炒，加少许盐、生抽调味。

5. 下面条继续翻炒拌匀，加少许老抽调色，起锅时加青蒜段翻炒均匀即可。

兰姨秘籍

① 炒面要用机制面而尽量不要用挂面。挂面属于干制面条，未煮透时夹心会过于干硬，煮过了又过于软烂，口感卖相都会大受影响。

② 因为是中午才吃的午餐便当，要充分考量时间因素的影响，因此，面条要大火急煮：水开后将面条下锅急滚一下即可捞出，并快速地用凉水冲凉沥干，以面条略有硬芯为宜，这样面条久置后才可以仍然筋道干爽有嚼劲。

③ 许多“童鞋”喜欢吃一面煎的溏心蛋，这一爱好请在家里用餐时再享受。便当毕竟要放置数小时之后才食用，没有煎熟的鸡蛋既容易变质又不便于携带，所以还是将两面都煎一遍比较妥当安全。

④ 如果家里没有不粘锅，就请将锅尽量烧热，只有足够热的锅才能避免面条巴锅。

⑤ 炒肉丝、炒青菜时请尽量将盐味加足，利用渗出的菜汤汁将面条炒匀，再加少许老抽调色即可，这样炒出的面条颜色味道才均匀。

⑥ 微波炉加热面要点：均匀地洒少许开水在面条上，轻轻将盒盖遮盖在饭盒上即可，切勿扣紧扣严，这样既可以略微阻挡水汽的蒸发，又能避免容器密封加热发生危险。高火 30 秒后，取出荷包蛋，再用筷子将面条略挑散拌匀再加热 1 分钟；若觉不够热，再追加 1 分钟即可——切不可一次加热时间过长而导致面条干硬无法食用。尤其是荷包蛋，切切不可加热过长时间，会炸得微波炉里到处都是鸡蛋黄。

豆角焖面

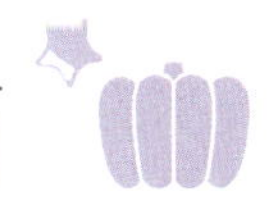

嗜面一族绝对不能忽视豆角焖面的存在！

在北方，面粉作为主要食材，蒸馒头、烙饼、擀面条各项技艺稀松平常，家常得紧。而将面条做成绝世美味却完全修行在个人。焖面是利用锅气将面条、豆角焖熟，故称焖面。焖熟的面条筋道耐嚼，饱含了炖肉的原味与香气，好吃得根本停不下来。尤其是家中添置了面条机之后，完全可以随心所欲地制作满足所有技术要求的面条，如此完美的豆角焖面当然要在兰姨的便当中闪亮登场了。

豆角焖面的做法

原　料　面粉400克（3人量），鸡蛋1个，五花肉200克，四季豆400克，土豆1个

配　料　大蒜6瓣，干红辣椒2个，花椒，生姜1块，八角1颗，生抽2汤匙，老抽1汤匙，料酒、蚝油、盐、白糖适量，青蒜花少许

步 骤

一、压制面条

1. 选用窄面模具将面条机安装就绪，准备做面条。

2. 鸡蛋打入量杯中，加盐、加水总量至 130 毫升，调散为均匀的鸡蛋液。

3. 将面粉倒入机器面盆内，盖好盖子，启动面条机全自动程序，将调好的蛋液从注水口缓缓倒入，让机器充分搅拌均匀。

4. 压出的面条均匀筋道，品相不错——将面条按需要的长度折断，轻轻抖动散开——刚压出的面条因为机器作业会比较热，晾一会再抖散，以免粘连。

兰姨秘籍

① 压制面条一般用普通面粉，若喜欢更为筋道的面条，可用高筋面粉制作。加鸡蛋和盐是为了让面条更加筋道不易折断，需要注意用鸡蛋替代水的用量，且要将鸡蛋与水混合成均匀的蛋液方可使用。

② 由于南北地域不同，受季节、气候等因素影响，面粉的水含量差别较大，压制出的面条效果会略有差异，可根据实际情况和个人喜好略微调整面水比例，直到满意为止。

③ 若无家用面条机，请购买使用新鲜的机制面，请勿使用挂面。

二、开始制作焖面

1. 五花肉切成薄片；豆角洗净撕去两端的茎，截成段；土豆削皮切块；大蒜去皮后拍扁稍稍切粒，红辣椒切片；姜切片待用。

2. 炒锅置火上烧热，倒 1 汤匙油用花椒粒炝香后，捞出花椒丢弃，下八角与姜片炒出香味，放五花肉片翻炒至肉片变白呈透明状，烹入料酒去腥，倒蚝油、生抽、老抽、白糖炒匀，加热水没过肉片，烧开转小火焖 10 分钟。

3. 转大火加豆角翻炒均匀，下土豆烧至汤汁翻滚，用大汤勺滗出一小碗汤汁待用。

4. 把面条散开，均匀地铺在豆角等材料上面，转中火慢慢将汤汁烧开。

5. 盖上锅盖用中小火慢慢焖，5 分钟后打开用筷子挑一下，轻轻翻动上面的面条使味道与成熟度均匀，再根据情况，用汤勺将前面预留的汤汁沿锅边浇一圈，盖上锅盖继续焖，直到锅中水分快要收干，再将剩下的汤汁全部浇入，撒蒜粒、辣椒片焖至蒜出香味拌匀，装盘后撒少许青蒜花即可。

特点：面条筋韧，豆角青嫩，土豆沙绵，肉香味浓，十分鲜美。

兰姨秘籍

① 豆角焖面是北方常见的家常面食，是利用水蒸气将面条、豆角焖熟，重点是要控制底部汤汁不可过多以致浸泡到面条，因此将多余的汤汁盛出，在焖制的过程中随时添加是制作焖面的关键步骤，既可以防止汤汁过多泡烂面条，又能保证锅气充沛，而使用炖肉原汁焖出的面条才鲜香入味，软硬度也恰到好处。

② 五花肉炒制上色之后，需加入热水而不是凉水进行炖制，这样做是为了炒好的肉片不会骤然遇冷而肉质紧缩，加热水炖的肉鲜嫩易熟，容易软烂。一定要保持小火慢慢焖，切不可操之过急。土豆容易糊底巴锅，要注意观察剩余的汤汁情况，随时添加；豆角必须焖熟了才可以吃，否则容易引起食物中毒。

③ 若无家用面条机，可以购买市售的新鲜面条来制作，这样焖熟后口感比较好，切不可将面条提前煮熟，或者使用挂面之类的干面，这样做很容易把面条烂在锅里或完全无法焖熟。

④ 起锅后撒点青蒜花有画龙点睛的妙用，不仅色彩漂亮，香气更十分美妙，大家不妨试试。

煎饼卷一切

电视剧《红高粱》中，朱县长为余占鳌们去济南培训“饯行”时，每人手里那卷就着红烧肉与菜吃的饼，就是抃饼。

抃饼，也叫单饼，厚薄适中、有韧性、有嚼劲。它既可以单独食用，又可以搭配蔬菜和大葱、大酱食用，大概是因为吃的时候要用双手抃住往嘴里送，所以才叫“抃饼”吧。一张张薄薄的面饼，吃起来筋道有嚼劲，又可以按照自己的喜好卷鸡蛋、卷油条、卷馓子……总之卷一切自己爱吃的菜。余占鳌率众占山为王，最现实也最具有鼓动性的人生目标就是抃饼管够。

其实，对不习惯面食的南方人而言，对所谓的煎饼、抃饼以及薄饼有什么异同，完全是傻傻分不清，更无法理解余占鳌们对抃饼的热情，只是单纯地被他们那种为了能幸福无忧地吃饱吃够红烧肉抃饼而浴血奋战的豪情所感染，忍不住想亲身体验下抃饼的魔力。于是，丢了点面粉到面包机里，呼啦啦那么转一会儿，面就和好了。待醒好取出再擀成薄饼，放到平底锅里不过两三分钟，一张薄饼就散发出了淡淡的香气。嗯嗯，赶紧趁热揭开再卷好，装到饭盒里盖好，等明天早晨再炒两个菜——十分《红高粱》的抃饼便当果真令人耳目一新。至于晚饭，用抃饼卷个孜然羊肉卷，再熬一锅香甜的杂粮粥——余占鳌们为之奋斗的，想必就是这种活色生香的家的味道了！

煎饼卷一切 | 1

抹饼的制作

原 料 面粉400克，开水、凉水、盐适量

步 骤

1. 普通的面粉（中筋面粉）400克，取三分之二放入面盆。
2. 一边一点一点地加开水烫面，一边用筷子搅拌成均匀的面疙瘩；再将剩余的三分之一加入盆中，加少许盐，继续一边加凉水一边用筷子搅拌，直至全部成均匀的面疙瘩。
3. 将两种面疙瘩合在一起，揉成一个均匀光滑的大面团，盖好醒半个小时。
4. 将醒好的面置面板上揉至光滑，分成十个均匀的剂子；

5. 两个一组，按成圆饼，面上刷一层油，将有油的一面对合在一起，压扁，擀成薄饼。
6. 平底不粘锅至火上中小火烧热，将薄饼放入锅中。薄饼中间逐渐鼓起了黄豆状的小泡，底部变硬便可以翻面烤另一面。
7. 因为擀面皮时是将有油的一面对合，所以现在面饼中间鼓起了大大的气泡，说明面饼已经成熟，再翻一次。因为是薄饼，所以前后共翻面3次即可出锅。
8. 再烤下一张，直至全部烤完。

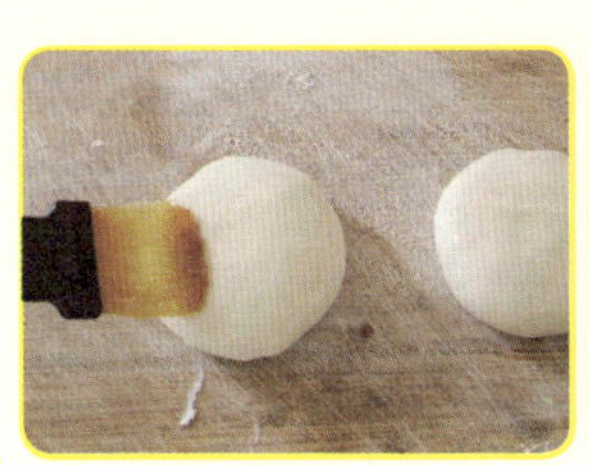

9. 待稍凉，将面饼的层面轻轻揭开，即是两张薄饼，就这样三张变六张，五张变十张，又薄又筋道，十分高效。

做好的抻饼即可卷一切喜欢卷的东西了。

兰 姨 秘 籍

面团一般用一半烫面加一半凉水和的面制作，要略比饺子皮硬些才筋道有嚼劲，配上生菜、大葱的脆爽辛辣才正好。但毕竟是南方人，还是喜欢软面饼多些，所以这里用开水烫了多半面粉，只用凉水和了少部分面粉。尤其是做便当的薄饼，为了便于携带，已经卷成饼卷装入了饭盒。如果烫面过少，放到第二天，则可能导致面饼过于干硬易碎而无法展开。吃时，薄饼是不用加热的，只要卷的菜是热的就可以了。

特别推荐

面包机和面

如果家中有面包机，使用面包机和面，将会使制作面食成为一件非常轻松快乐的事情。

具体步骤如下：

1. 将面粉与 1 克左右的盐一起入面包机面桶内，插上电源，先将少许开水浇于面粉之上（这样可以防止机器启动时干粉扬起），再启动快速和面程序，让叶片旋转搅拌面粉，再继续少少地添加开水，至大部分面粉团成面疙瘩。

2. 待桶内尚有少部分干面粉时，继续少少地改加凉水，直至搅拌成均匀的面疙瘩，盖上机器盖子，让面包机继续工作，至快速揉面程序完成，这时桶内的面团已十分光滑匀称。

3. 拔掉电源，继续让面团在桶内静置 15 分钟，面就醒好了。取出面团置于面板上，就可以做饼了。

兰 姨 秘 籍

使用面包机和面，可以稍多加些水，将面和成十分柔软的面团，这样烤制出来的薄饼会比较香软，小朋友比较喜欢吃。使用软面团擀饼时，要适当撒些干面粉在面板上，以防粘连。但干面粉不可过多，若多了，烙饼时干面粉会掉在锅里被烤糊，烤出的排饼就会扑满了黑乎乎的面粉，又难看又难吃。

外卖的馒头包子，雪白蓬松香甜诱人，价格也便宜。在来不及煮饭的时候，俺也会带两个给上班的人做便当的主食，但每次下班回家都会被抱怨买来的馒头不经饿。后来有专门的电视节目曝光称，这些外卖的馒头大多都添加了各种改良剂、泡打粉等介质，所以才过分蓬松雪白，不仅吃了不经饿，过量食用还会对人体造成伤害！早已被各种食品加工的恐怖传说吓成惊弓之鸟的我等普通百姓，只好又重拾儿时技艺，开始在家自己蒸馒头。好在现如今家庭用面包机已十分普及，功能也十分强大，除了做面包，还有很多其他用途，比如做果酱，比如炒栗子，比如做肉松……当然，它最本职的功能还是揉面。所以，在经过多次的失败之后，家里用面包机揉面蒸出的馒头，口味和卖相一点儿也不输给纯手工制作的。从此，馒头成了家中常备，不仅是早餐的主打品种，还可以在偶尔想偷懒或变换口味的时候用来做便当应付差事——当然，以老妈的勤勉态度而言，这种事情发生得极少极少。

面包机制作馒头的方法与步骤

原　料　小麦面粉500克，清水260克，酵母粉5克，食用小苏打1克（可选）

步　骤

1. 取出面包机内桶，量入清水260克，加入面粉500克。将内桶放入面包机内卡紧装好，盖好机盖，插上电源，设定快速和面程序，启动开机。
2. 利用机器揉面的空隙，称好5克发酵粉、1克食用小苏打待用。
3. 25分钟之后，快速和面程序完成。用手在面团上部捏个坑，倒入准备好的酵母粉与小苏打粉，加少许水将酵母略为溶解拌匀。将面团捏拢略封口，以防发酵粉散落并依附在桶内壁无法与面团充分拌匀。
4. 盖好机盖，设定到面团发酵程序开机。程序如约完成，面团发酵成功——表面还是略有干裂。
5. 将发好的面团倒在面板上，取出搅拌叶片，不用加干面，用力直接揉10分钟，直至面团内部空气全部揉出，呈光滑的面团。再分成自己称心的大小等份，分别搓揉成圆馒头的形状——整形完毕。

6. 蒸锅倒入适量凉水，蒸笼铺好湿布，将揉好的馒头放入蒸笼——注意给二次发酵预留出充分涨发的空间——盖好锅盖静置 20 分钟至馒头发至 2 倍大。

7. 打开火，因为是冬天，所以用中火烧至水开上汽，再改大火蒸 20 分钟，至馒头熟关火，不要急着揭锅盖，等 5 分钟——如果是夏天，则直接大火烧开至蒸熟即可。静置 5 分钟之后再打开锅盖将馒头取出。

兰姨秘籍

① 因为面包机揉面靠叶片搅动，所以揉面的面积有限，水分不易进入面粉颗粒内部，这也是机制馒头口感逊于手工馒头的根本原因。所以，用面包机揉面所需的水量要略多于手揉面团（250 克），否则面团会过于干硬且缺乏韧性。

② 面包机揉面蒸出的馒头一直无法与纯手工制作的馒头相提并论，重要的原因之一就是机器揉面的面积有限，无法使水分充分渗入面粉颗粒，蒸出的馒头干硬发暗不光滑，口感不筋道。所以需追加一次快速和面程序，且水的用量要略多于纯手工揉面的用水量，才能让面粉颗粒吸收到更多的水分，蒸出的馒头才够柔软细腻，筋道好吃。

③ 面包机有电热管负责发酵温度的掌控，完全不用担心发酵不完全的问题。而酵母工作最强劲有力的时间一般持续在 2 个小时左右，所以酵母粉务必在面团发酵阶段再加入到面团中去——若在快速和面阶段就加入了酵母粉，会使酵母过早进入最佳发酵阶段，蒸出的馒头会因过度发酵而变酸，馒头的形状也无法达到理想的涨发状态。

④ 市场上面包机的品牌型号各不相同，程序设置各异，如果面团发酵程序仅是单纯的发酵功能而无揉面过程，则需在完成了第一个快速和面程序，加入发酵粉之后，再追加一个快速和面程序，将发酵粉与面团充分拌揉均匀之后，再进入发酵程序。

⑤ 酵母达到最佳发酵状态时会略有酸味，尤其在蒸锅上汽之后更为明显，这是正常的酵母粉味道，一般起锅

后就会有所减弱甚至完全吃不出来。如果不喜欢，可以加入少许食用小苏打就能有效地中和掉这些许的酸味。所以，食用小苏打属于可选项目，可加可不加。但在高营养高嘌呤的日常饮食中，适量食用些小苏打对身体还是有一定益处的。

⑥ 无论是机制馒头还是手工馒头，只要是酵母粉发面，最后都有个排气整形与二次发酵的阶段，且要用冷水锅蒸；蒸熟关火后，切记不要立即揭开锅盖，需静置5分钟之后再打开，这样才不会使蒸好的馒头骤然遇冷而令馒头表面回缩，这些都是有别于传统老面发面的细节，却直接关系着整锅馒头的成败。

⑦ 蒸好了一锅馒头，当然不可能一顿就吃完。密封在塑料袋中放冰箱冷藏保存3天左右，完全没有问题。但如果无法在短期内吃完，则建议分别装入塑料袋中置冷冻室速冻，冻硬之后再集中装袋保存，可以保存更长时间。吃时分别取出加热即可。建议使用蒸锅蒸汽热馒头，不用化冻直接加热，蒸锅上汽后再蒸5分钟，口感完全如新鲜出锅的馒头。

⑧ 若使用微波炉热馒头，最大的难点就是水分蒸发过快，馒头极易像石头般干硬而无法食用。所以控制微波炉加热时间和给予充分的水分补充就显得十分重要了：如果微波炉有蒸汽加热功能，则建议使用该功能来热馒头。以一个馒头30秒为一次，根据情况再追加；若无蒸汽加热功能，则建议置一玻璃水杯于炉中与馒头一起加热，以高火20秒为一次加热时段，如果热度不够，再10秒钟10秒钟地追加，一般不超过40秒；若是加热冷冻未解的馒头，则直接高火1分钟即可。

煎饼卷一切 | 2

孜然羊肉卷

这是一道十分新疆式的小吃，营养搭配亦十分合理，生菜、洋葱、青椒等生鲜蔬菜既化解了烤羊肉的油腻，也分解了烧烤食物的有害成分，尤其是生洋葱，居然一点也不辛辣，反而微微带甜回甘，让我这不吃洋葱的人也十分喜欢，确实很意外。也开始理解山东煎饼为何都要配大葱蘸大酱——确实开胃，确实香！

原　料　薄饼6张，羊肉300克，生菜1棵，洋葱小半个，青椒1个，姜片

配　料　盐少许，蚝油、生抽适量，孜然粉、辣椒面、花椒面、黑胡椒碎、生粉、白芝麻少许，鸡蛋1个

步 骤

1. 羊腿肉洗净切成厚片，加盐、蚝油、生抽、孜然粉、辣椒面、花椒面、黑胡椒碎、姜片、青椒圈、洋葱碎拌匀，打 1 个鸡蛋，加生粉上浆（最好戴上一次性塑料手套轻轻抓揉，可使羊肉更加入味，上浆也更加均匀）。拌匀后密封好入冰箱冷藏腌制半个小时。

2. 将生菜、洋葱、青椒洗净沥干，洋葱切丝，青椒切成小圆圈，生菜折成段，将腌好的羊肉片用肉叉穿成肉串。

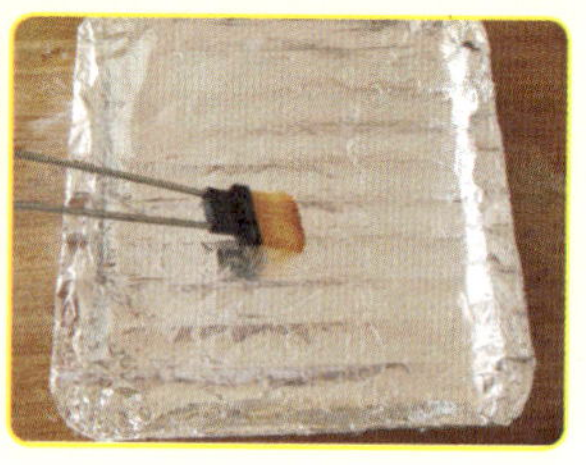

3. 取出烤盘，蒙上锡箔纸——可以防止滴油，也方便清洗，一举多得。

4. 在蒙好的锡箔纸上刷一层油，以防粘连，将穿好的肉串摆放整齐，刷一层腌肉的酱料，放入预热好的烤箱中层，210 度烤 15 分钟。

5. 取出，再刷一次酱料，均匀地撒些孜然粉、辣椒面、花椒面和白芝麻粒，翻面再烤 5 到 10 分钟至羊肉串熟。

6. 取出烤好的羊肉，将薄饼摊开，铺上生菜、洋葱丝和烤好的羊肉，撒少许青椒圈，卷起来——用两只手拃着开吃吧！

生菜脆脆爽爽，洋葱丝清清甜甜，青椒圈青辣，烤羊肉香辣，配上薄饼的绵柔筋道，口感十分富有层次，不一会就一扫而空，酣畅淋漓，十分过瘾。

葱爆肉片

最最经典的卷饼配菜当然是大葱蘸大酱。想想也是醉了，如此重口味吃法，就算自己能承受，带到公司去，只怕也要被同事嫌弃死，有点公德心好吧！还是把大葱炒熟了吧，甜甜香香的，一切问题就解决了。

原　料　猪前腿瘦肉 100 克，京葱 1 根

配　料　盐、蚝油、白胡椒粉、生抽、生粉适量，鸡蛋清半个，干红辣椒 1 个

步　骤

1. 猪前腿瘦肉洗净，切片，用少许盐、白胡椒粉、蚝油、生抽拌匀码味，加半个鸡蛋清用手抓匀，加少量生粉上浆待用。
2. 京葱剥去老皮儿，洗净，斜切成段；干红辣椒剪成细丝待用。
3. 炒锅置火上烧热，倒 2 汤匙油烧至六成热，下浆好的肉片滑散，炒至肉片变色，下红辣椒丝。
4. 快速将葱段下锅翻炒至变色即可，关火起锅装盘。

兰 姨 秘 籍

① 既然是爆，就必须大火辣油爆炒，全程讲究一个快字，一气呵成，肉片才嫩滑，葱段才甜脆。

② 肉片建议使用猪前腿肉。加入蛋清后请用手慢慢抓匀，不要用筷子搅拌，以免蛋清打发起泡，无法附着于肉片之上，既达不到上浆保浆的作用，炒出的肉片也会蛋肉分离，烂糊凌乱，菜的品相将大受影响。

腐竹炒肉丝

原　料　肉丝 50 克，泡发腐竹 100 克，青椒 1 个，泡发黑木耳 5 朵

配　料　盐，生抽，蚝油，生粉，油，鸡蛋清半个，生姜末少许，白胡椒粉少许

步　骤

1. 将肉丝用少许盐、白胡椒粉、蚝油、生抽拌匀码味，加半个鸡蛋清用手抓匀，加少量生粉上浆待用。
2. 泡发好的腐竹洗净后挤去多余水分斜切成丝，青椒洗净切丝，水发黑木耳切丝。

3. 炒锅置火上烧热，倒2汤匙油烧至六成热，下浆好的肉丝滑散，炒至变色，下腐竹丝翻炒均匀，下木耳丝继续翻炒。

4. 烹少许生抽调色、适量盐调味后，下青椒丝炒至变软变色起锅装盘。

特点：一盘菜多种丝，品种越丰富，营养越全面，对于便当而言，这点很重要。午餐时只需将菜盒放入微波炉中加热即可。薄饼就不必热了，小心展开，将热好的菜平摊在饼上，卷好，用手抓着吃吧。

煎饼卷一切 | 4

少油版地三鲜配炝拌三丝

试过一次煎饼各种卷之后，对于薄饼的热情不减。于是又趁热打铁，继续卷起。这次果断减少肉的比例，增加蔬菜量，继续遵循品种多样的原则——地三鲜配纯素的炝拌三丝，蔬菜品种有六七样之多，口感上，脆爽的菜丝与筋道的煎饼也十分搭调。

原　料　茄子1个，土豆1个，圆青椒1个，五花肉片50克

配　料　大蒜5瓣，生姜末少许，橄榄油、盐、蚝油、生抽、酱油、料酒、白糖适量

步　骤

1. 五花肉连皮切成薄片，用少许盐、生姜末、蚝油拌匀腌制15分钟左右；土豆洗净去皮切成滚刀块；茄子洗净带皮切滚刀块儿；辣椒去籽切块；蒜瓣剥好洗净用刀略拍散。

2. 将土豆块盛于碗中放入微波炉中高火打3分钟取出待用。

3. 茄子用水冲洗掉氧化的黑色，放入开水锅中快速焯下沥干待用。

4. 平底锅置于火上烧热，倒2汤匙橄榄油，将预处理过的土豆块小火煎至表面金黄铲起；下青椒块略煎至颜色变深也铲出装盘，底油留锅内待用。

5. 将蒜瓣入油锅煸香，倒入腌制好的五花肉片慢慢煎至油渗出，肉片卷曲，烹入料酒。

6. 改大火将焯好的茄子块下锅与肉一同翻炒均匀，烹入生抽、白糖调味，加水没过茄子，烧开沸滚一会儿，将煎过的土豆块加入一同焖炖至茄子变软，加少许酱油调色。

7. 投入青椒块一边翻炒一边大火收汁，最后勾薄芡起锅装盘。

特点：茄子软烂入味，土豆香甜绵软，五花肉焦香醇美，青椒脆甜，蒜瓣软糯，整道菜色彩怡人，味道鲜美，汤汁浓郁。

兰姨秘籍

传统的地三鲜制作，都要预先将茄子与土豆块过油炸。因为茄子要多油才好吃，且火候要够才能入味；土豆经过高温油的炸制，表面会结成金黄的外壳，焖烧时才不容易散烂变形。这里用开水焯代替过油环节，能使茄子在煎炒时不会吸收过多的油，也很容易软烂成熟但切记快速焯下即刻捞起，过水的时间不宜过长，否则就成煮茄子了；土豆预先用微波炉打 3 ~ 4 分钟，焖炖之前只需用油略煎至表面金黄即可，省去了油炸环节，一样可以达到保持土豆块形状完好的目的，且有效减少了油脂的用量。

炝拌三丝的做法

原　料　莴笋 1 根，土豆 1 个，胡萝卜 1 根，水发黑木耳数朵

配　料　调味酱油适量，花椒数颗，辣椒油、醋、盐、油适量

步　骤

1. 莴笋削皮洗净，土豆削皮洗净，胡萝卜削皮洗净，水发木耳洗净。
2. 将胡萝卜耐心地切成薄片，再切成细丝。
3. 土豆、莴笋也切成细丝，分别装入小碗。
4. 莴笋丝与胡萝卜丝用少许盐略腌制片刻，土豆丝用水冲净淀粉后沥干待用。
5. 将土豆丝在开水中焯一下，捞起放入凉开水中过凉后沥干；木耳焯熟后切丝；分别将腌好的胡萝卜丝、

莴笋丝挤出腌渍的水分。

6. 炒锅置火上烧热，倒2汤匙油，用花椒炝香后滤去花椒，将热油泼到备好的菜丝上，再加点兰姨的秘制辣椒油，倒少许凉拌酱油——因为莴笋、胡萝卜已经用盐腌过了，所以只用少许就够了。再加少许醋拌匀，脆爽开胃的炝拌三丝——确切说应该是四丝——就好了。

又好看，又好吃，卷在饼里，脆脆爽爽，一个拤饼不一会儿便会风卷残云般地被消灭掉。

兰 姨 秘 籍

凉拌土豆丝一直是追捧度较高的菜，要做到脆爽好吃，焯水后放入凉水中过凉是制胜秘技。当然，事先要将土豆丝上的淀粉冲洗干净，才能保证菜品的洁爽清亮；丝切得足够细，也是使土豆入水即熟保持脆爽口感的关键；焯后放入凉水中过凉，则是为了避免余热将土豆丝进一步焐至过熟而失去脆爽的口感，这一点十分重要。

煎饼卷一切 | 5

培根鸡蛋千层饼

最最草根的煎饼，换个馅料，也可以十分洋气又高格调：将煮鸡蛋、火腿、黄瓜、火龙果、西红柿、生菜切成的各种条，配上自己喜爱的番茄沙司或沙拉酱，用饼卷紧后切成段，一顿营养丰富、可与手握比萨媲美的快手早餐——七彩卷饼就有了。将培根与鸡蛋煎熟，夹在薄饼里，层层叠叠切几刀，很西餐的鸡蛋千层饼又是一个崭新的便当内容。不要和我讲什么西餐的套路和规矩，老妈的作品才是天下最霸道的创意！讲究的就是一个独一无二、举世无双，即所谓传说中妈妈的味道是也。

原 料 鸡蛋2个，培根2片，早餐奶酪2片，生菜叶数片，青椒1个，小番茄4个

配 料 番茄沙司，黑胡椒碎，橄榄油，千岛酱，盐

步 骤

1. 鸡蛋打散加适量盐调成蛋液；培根切小片；生菜洗净沥干，撕成小块；青椒洗净切圈；小番茄洗净对半切开。

2. 小平底锅置火上烧热，倒少许橄榄油摇匀，倒入调好的鸡蛋液、撒入培根片略煎成形。

3. 将早餐奶酪撕碎撒匀，盖上锅盖小火慢慢烘，中途沿锅边烹少许水以增加锅汽，直至蛋液全部凝固、奶酪溶化，撒上青椒圈、研磨少许黑胡椒碎即可关火，盖上锅盖利用余温略焖下青椒圈。

4. 将事先制作好的薄饼平摊开，根据自己的喜好涂上适量的番茄沙司，放上烘好的培根鸡蛋饼；撒生菜叶，再加适量千岛酱；再盖一张饼，适当压平整，切成等份摞起来，摆盘造型。

5. 没有用完的生菜等果蔬，另外装盒，撒少许橄榄油和黑胡椒碎，挤点柠檬汁，即为营养丰富又好吃的蔬菜沙拉。

兰姨秘籍

制作便当，请尽量选用熟食制作，这样保存的时间相对要长久些。所以，以新鲜果蔬为主的七彩卷饼要现做现吃，做快手早餐的备选食品比较适宜；而做午餐便当用的千层饼，因为要到中午才吃，必须将鸡蛋等食材加工至完全成熟才安全；生菜沙拉等也需另外包装密封置冰箱冷藏，才可以保证到中午食用时不变质。若无冰箱，请果断放弃携带沙拉之类生鲜凉拌菜，直接用原装未加工过的水果替代生鲜蔬菜的营养补给好了。

海鲜比萨

外卖食品中，比萨被翻牌的概率算高的。万能的老妈便当，肯定而且必须得有比萨的身影。对于各种中式饼得心应手的俺而言，比萨制作极富挑战性，最难攻克的是馅料的脱水环节。在烤了无数个外表焦糊、内部烂糊的面饼之后，终于摸索出了良好的解决办法，无论馅料堆得多高，烤出的比萨都是里外酥脆，焦香宜人，比什么皇家至尊炫多了。切吧切吧装几块当午餐，确实比煎饼卷高了好几个档次。

海鲜比萨的做法

原　料（这是 2 个饼的量）

一、饼料：

高筋面粉 300 克，酵母 2.5 克，水 165 克，橄榄油 20 克，盐 5 克

二、比萨酱料：

番茄 1 个，洋葱半个，橄榄油 1 汤匙，番茄沙司适量，罗勒末、欧芹末、黑胡椒碎、盐各少许

三、比萨馅料：

虾仁 20 只，雪蟹腿 100 克，墨鱼仔 4 只，蘑菇 4 只，青豆适量，青椒 2 个，洋葱半个，马苏里拉奶酪 200 克，干奶酪碎少许，全蛋液 1 只

步骤

1. 将酵母放入水中溶化，倒入高筋面粉中用筷子搅拌均匀，加入盐、橄榄油揉成团，然后在面板上继续揉约 20 分钟至面筋伸展成光滑的面团，放回面盆中，盖上保鲜膜发酵至 2 倍大。

2. 等待面团发酵的同时，制作比萨酱，准备各种原料：番茄去皮切碎末，洋葱切末。

3. 炒锅置火上，倒入橄榄油，下洋葱粒煸炒至香；将打碎的番茄汁倒入锅中熬至浓稠；加入少许盐、番茄沙司、罗勒碎、欧芹碎、黑胡椒碎继续熬出香味。熬好酱关火晾凉。

4. 此时，面团也发好了，在面板上揉至排气，再分成两个均匀的面团，揉成圆球，盖上保鲜膜二次发酵约 20 分钟；

5. 二次发酵的时候再处理馅料：将虾仁、墨鱼仔、雪蟹腿、蘑菇、青豆洗净改刀后焯熟沥干，青椒切圈，洋葱切丝。

6. 面饼二次发酵完成，取出擀成薄饼，用叉子在面饼上扎出均匀的小洞。

7. 烤箱上下火 220 度预热，烤盘洗净擦干，均匀地涂上橄榄油。

8. 将擀好的面饼放入盘中，用手压压整形，尽量与盘底同样大小；在面饼上刷一层橄榄油，放入预热好的烤箱中层先烤 15 分钟，取出。烤箱不关电，继续预热中。

9. 刷上比萨酱，撒一层奶酪碎，再撒一层马苏里拉奶酪丝；将备好的馅料铺好——好多料，堆得老高！再涂一层披萨酱，撒上干奶酪。

10. 最后撒一层奶酪丝在最上面，饼边薄薄地刷上全蛋液，放入工作中的烤箱，上下火180度15分钟。

11. 将比萨取出放到圆盘里切块，面饼焦香，松软适度，虾仁等料足量多，质感十足，拉丝完美，奶香浓郁，太实惠了。至于另一块面饼，则是另烤好给儿子的午餐。

① 因为是自家制作，总是习惯地使用过多馅料，且多用最新鲜的果蔬，直接导致的后果就是馅料渗出的汁水全部积聚在面饼中央，不仅面饼不易成熟，更让整个比萨稀稀软软无法成型。之前实验过多种馅料脱水的方法，如焯水、炒制、盐渍后挤汁等等，均无法达到理想的效果。若减少用量或使用脱水蔬果，则与自家制作保证原料品质的原则相悖，真的让这个问题困扰纠结了好久。后来，看到豆果上的一个方子上说，他烤比萨都是先将饼预烤一会儿再放馅料，顿时让人茅塞顿开。果然，预先烤制过的面饼表面已经结成了一层结实的外壳，可以很好地承托起馅料的重量，且具有良好的隔水作用，面饼中央积水的难题便迎刃而解，烤出的比萨面饼干爽，焦香酥脆，超多的料亦未影响到面饼的品质。

② 拉丝用的马苏里拉奶酪奶香味较弱，所以需加适量干奶酪碎，使奶酪的香味更加醇厚，比萨的品质也因此得到大幅度的提升。

③ 菜谱上的原料为两个比萨的量，请制作时全部分成两份。若只需烤一个饼，可将用量减半。比萨酱一次可以多熬一些，晾凉装入玻璃瓶中冷藏保存，可多次使用，做意面、烤比萨均可。

④ 做便当的比萨，吃时放入微波炉中高火打30至40秒，便可以恢复到原有的口感。虽然马苏里拉奶酪拉丝的效果，终归无法恢复到最原始的状态，却仍然是十分洋气的午餐便当，完胜各种外卖。

⑤ 可用面包机完成比萨面饼揉面发面的环节，具体操作步骤请参照《面包机版馒头》。

意式海鲜米线

先生是南昌人。离家多年，对家乡的美食总是怀念有加。家中年迈的老娘也总是按时托人捎来家乡的米线，长年不断。米线又名米粉条、米粉、米丝，是江南地区具有悠久历史的传统食品。米线的吃法极其多样，著名的过桥米线、湖南的汤粉、江西的炒粉等，无不拥有众多的爱好者。其实，干制米线的泡发步骤与意面的煮制方法是极其相近的，甚至连特别的笔芯口感也相差无几。所以，这款用米线制作的海鲜意面，相当令人耳目一新。

意式海鲜米线的做法

原 料 橄榄油，干米线200克，番茄4个，圣女果6个，大虾仁6只，鱿鱼圈6枚，虱目鱼丸5只，洋葱1个，生菜叶1片

配 料 番茄沙司100克，早餐奶酪1块，盐、黑胡椒碎、罗勒碎、欧芹碎、奶酪粉适量

步 骤

一、熬制番茄酱

意面的灵魂在于番茄酱料，而酱料的灵魂则在黑胡椒碎与罗勒的使用上。普通的番茄去皮打成汁后，再配以番茄沙司进行熬制，才是风味十足的意面酱料。如果怕麻烦，就去超市找找看，有制作好的意面酱料，但多用黄油制作，个人不太喜欢，还是自己熬制的更合胃口。

1. 番茄用开水烫后撕去皮，切成碎粒（如有食品料理机可将碎粒打成番茄汁更利于成酱）；洋葱切末；圣女果对半切开待用。

2. 炒锅置火上，倒2汤匙橄榄油，下大部分洋葱粒小火煸炒至香。

3. 将打碎的番茄汁倒入锅中熬至浓稠，加入早餐奶酪块继续搅拌至融化，再加少许盐调味，加番茄沙司、罗勒碎、欧芹碎、黑胡椒碎继续熬出香味后关火。

4. 将熬好的酱料晾凉，装入干净的瓶中密封置冰箱冷藏保存，可使用多次。

二、煮米线

这里使用的米线是干米线，与挂面一样，是婆婆家那边的日常主食之一，超市里都有供应。在制作之前，要先将干米线煮制泡发后，再煮、炒、拌，就十分方便了。因为要追求意面笔芯的口感，便省略了焖

制后用水过凉的环节，直接拌入橄榄油调散，确保了米线的清香与筋道。

1. 用煮锅烧开水后，将干米线下锅，大火一边煮沸，一边用筷子不断搅拌至米线不粘连，煮 3 分钟后关火。

2. 加盖再焖制 7 分钟后将米线捞出，加 1 汤匙橄榄油，快速拌匀调散，使米线根根分明不粘连。

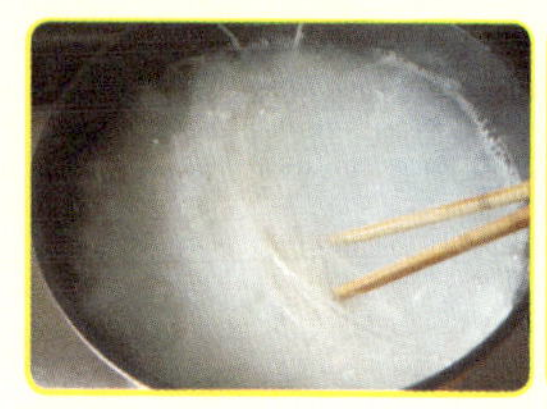

三、制作意式米线

1. 煮锅烧开水，将虾仁、鱿鱼圈、虱目鱼丸焯熟脱水待用。

2. 炒锅置火上，加 1 汤匙橄榄油，将剩下的少部分洋葱粒小火煸炒至香。

3. 加焯好的虾仁等继续用小火煎香，撒少许盐和黑胡椒粉调味，铲起，底油留锅内待用。

4. 将切好的圣女果放入底油中煸炒至软，再加 4 至 5 汤匙熬好的番茄酱翻炒均匀；将煮好拌过的米线倒入锅中与酱料翻拌均匀。

5. 最后倒入煎好的虾仁等翻炒均匀后，盛入盘中。根据自己的喜好，撒上适量的奶酪粉即可。

特点：中西结合，奶香浓郁，完全可以乱真意面，创意十足。

茄汁肉末意面

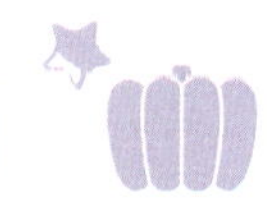

意大利面，又称为意粉，是西餐中最接近国人饮食习惯的品种——无非是面条煮熟了浇上浇头拌着吃。因为高密度、高蛋白质、高筋度等特点，意面耐煮又筋道，所以十分适宜做便当。家中的冰箱里亦长期贮备有自制的意式酱料，遇到头天临时有事或偶尔早晨睡过头来不及时，翻翻冰箱，找点现有材料随便划拉划拉，再用意式酱料调下味，一个急就章的意面便当就好了——每天在家做饭就这点好，怎么都能凑出一盒便当来。

这不，昨晚临睡前，将冷冻着的牛肉汉堡肉饼取出一块放到冰箱冷藏室，一夜下来，肉饼已自然解冻，且新鲜依旧。再找出半个洋葱，一个番茄，不到 20 分钟，一份诱人的茄汁肉末意面便当就好了，十分快捷方便。

茄汁肉末意面的做法

原　料　牛肉汉堡肉饼 1 个（100 克），意面 200 克，洋葱半个，番茄 1 个

配　料　橄榄油 1 汤匙，自制意面酱 2 汤匙，番茄沙司 1 汤匙，意式混合香料少许，黑胡椒碎少许，盐少许

步 骤

1. 煮锅烧水，准备煮面。
2. 准备配料：番茄洗净烫下去皮去蒂切粒，洋葱洗净切粒，牛肉饼用筷子拨散成肉末待用。
3. 炒锅置火上烧热，倒 1 汤匙橄榄油，将洋葱粒煸香。
4. 将牛肉末倒入锅中炒散，下黑胡椒碎炒匀炒香后下番茄粒。

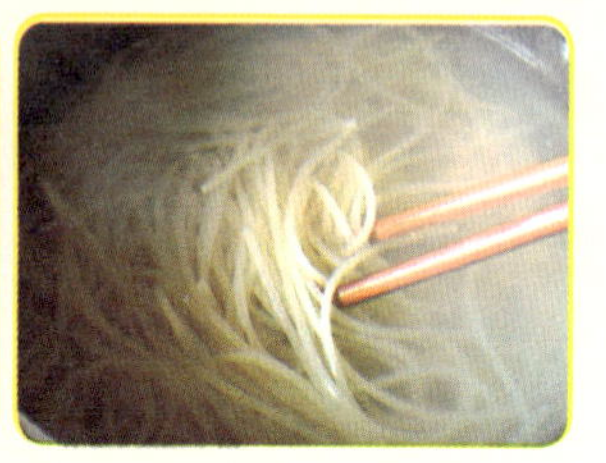

5. 这时煮面的水开了，加 1 小勺盐于水中，将备好的意面入锅，用筷子拨散使面条不粘连在一起，根据包装上说明煮 8 ~ 10 分钟。
6. 这边炒锅中的番茄粒也差不多炒软了，加 2 汤匙自制意面酱炒匀后，在锅中加 3 大勺煮面的汤水，将意式混合香料加入锅中，改中火慢慢熬制。
7. 熬至汤汁浓稠，根据自己的喜好加番茄沙司调节酱料的酸甜度；若喜欢，可以再加一片早餐奶酪使奶香更加浓郁。
8. 将煮好的意面捞出与熬好的酱料拌匀即可。

备注：意式酱料的制作请查阅《意式海鲜米线》。

兰 姨 秘 籍

① 煮意面时一定要先加入一小匙的盐（以约占水的1%的浓度为宜），这样不仅可以让面条的质地紧实有弹性，还能使面条内部亦有盐味。地道的意大利面都很有咬劲，须煮得半生不熟，咬起来有笔芯的感觉才对。这对于习惯了阳春面的国人而言，大都不太习惯，但恰恰是这个特性让意面成了十分适合做便当的食材。若是现煮现吃的意面，将煮好的意面直接放入酱料中拌一下，让酱汁充分附着于面条之上，再装盘将沉于锅底的酱料铺盖于面条之上，再撒上奶酪粉即可；若需制作意面便当，则需将煮好的意面捞出，用少许橄榄油或者熟的玉米油拌匀、调散并稍微风干下再装盒，然后撒上奶酪粉，将熬好的酱料覆盖在面上盖好密封，待中午吃时用微波炉加热后再拌匀，风味口感都不会受影响。

② 意大利面的形状除了普通的直身粉外，还有螺丝形、弯管形、蝴蝶形、空心形、贝壳形等等，林林总总达数百种之多。不要被这名目繁多的种类吓到哦！所谓的万变不离其宗，终归不过是一种面条而已——每种面的包装上都有注明煮面的时间，参照执行就可以了。而所谓的罗勒酱汁意面、茄汁土豆意面、椰香卡夫奶酪意面……不过是在酱汁的配料上稍做调整而已。

· 肉末意面

· 罗勒酱汁意面

虾仁水饺

好吃不过饺子。饺子不仅是除夕之夜任何山珍海味都无法替代的重头大宴，更是日常生活中最喜闻乐见的家常美食。用饺子做便当，就好比中国版的饭团寿司，好吃又接地气。趁着有闲暇的时候多包一些，放入冰箱速冻好后分袋保存，就是十分方便快捷的便当材料了。

虾仁水饺的做法

馅　料　新鲜虾仁400克，草鱼肉150克，荸荠8个，青豆少许，甜玉米粒少许

配　料　葱2根，姜2片，白胡椒粉少许，盐适量

面皮儿　面粉300克，盐少许

步　骤

1. 荸荠切粒；葱姜加盐捣成葱姜汁，加小半碗水调成葱姜水；青豆和甜玉米粒焯熟待用。

2. 将面粉用适量淡盐水和成较硬的面团，用湿布盖着醒半小时。

3. 醒面的过程中处理鱼肉：草鱼中段去皮，剔去鱼刺，斩成鱼茸（鱼肉粘在刀上即可），加少量盐、白胡椒粉及葱姜水顺一个方向调成鱼胶待用。

4. 虾仁用牙签挑去虾线洗净，用刀面一只一只地压住虾仁，用力一碾就成了虾泥，同样加少许盐、白胡椒粉、葱姜水顺一个方向调成虾泥。

5. 再加入调好的鱼胶，加入焯熟的甜玉米粒和青豆及荸荠丁继续顺一个方向调匀上劲。

6. 将醒好的面团取出，揉好切成剂子，擀成薄皮，包上调好的馅料。

7. 因为虾仁、鱼肉都是极易熟的，所以下开水锅中大火煮开至饺子浮起即可捞起，不必像其他饺子一样再点三道凉水。

兰姨秘籍

① 虾饺好吃，可是自己家的虾仁饺子总不及酒店的，原因何在呢？除了虾仁的质量，许多家庭喜欢在虾仁中加许多其他材料，这也是导致虾仁不够嫩滑Q弹的重要原因。因为虾仁十分易熟，若加了其他不易熟的材料自然会导致虾仁过度煮制而失去鲜嫩的口感，所以做虾仁水饺切记不要放过多不易熟的配料，如果一定要放，就放与虾肉同样好熟的鱼肉泥。

② 虾仁和鱼肉都是十分鲜美的食材，除了盐味，也尽量不要再添加过多的调味料。我这里为了增加馅料的层次，加了荸荠粒、青豆和玉米粒，都属于清淡甜香的食材，且都是焯熟了的，所以完全不必担心生熟与抢味的问题，却多了些脆爽与甜香，十分鲜美。

萝卜缨饺子

鲜美的虾仁饺子虽然好吃，毕竟过于精细。尽管加了荸荠、青豆等材料，仍然因少了些蔬菜，在营养的均衡上有所欠缺。因而，便当还是推荐菜肉馅的饺子为宜。以下这款萝卜缨饺子只是作为制作方法的示范展示，原料可以用各种喜欢的蔬菜替换，馅料的制作万变不离其宗，学会举一反三才是目的。

馅　料　猪前腿肉500克，萝卜缨子500克，泡发黑木耳10朵

配　料　生姜，油，盐，生抽，白胡椒粉，花椒数颗，鸡蛋2个

面皮儿　面粉500克，盐1克

步　骤

1. 猪前腿肉洗净绞成肉馅，加盐、姜末、白胡椒粉、生抽调味。先打一个鸡蛋顺一个方向搅拌上劲至鸡蛋完全被吸收，再打一个鸡蛋继续搅拌上劲。
2. 将洗净的萝卜缨子用开水焯下捞起用凉水过凉，挤干水切成细末，再用力挤去多余的水分，散开摊在肉馅上。洗净的木耳也切碎一同放入。
3. 炒锅置火上烧热，倒入3汤匙食用油用花椒炝香，滤去花椒将油泼到萝卜缨上，然后将萝卜缨与木耳肉馅充分调匀。
4. 将面粉用淡盐水和成较硬的面团，盖上湿布醒半个小时后，将面团揉成长条，分成小剂子擀成面皮，包入馅料将口捏紧，饺子就包好了。

萝卜缨开水焯过后用凉水过凉，可保持菜的清爽口感与碧绿。在菜末上炝点花椒油，不仅可以提香，还能有效锁住蔬菜里的水分不渗出，这是保证饺子馅干爽的秘密。另外，一定要在调肉馅时就将盐味加足，往肉馅中加菜后就不再加盐了，可以有效减少菜中的水分渗出。

关于饺子的皮儿和馅儿

对于不擅长面食的南方“童鞋”而言，和面包饺子还是一件比较困难的事情。好在精明的商家很会把握需求，市场里的面条加工店都有现成的机制饺子皮卖，倒也方便。但终因是机器制作，无法做到手擀皮那样中间厚边缘薄，包出的饺子缺乏相应的层次。饺皮中间馅料集中的部位，因为缺少相对厚些的面皮的有力承托而容易涣散；更由于没有经过手工揉擀，全无筋道可言，在下到锅里的一瞬间会软趴趴地全部巴到锅底，必须用漏勺小心地沿锅边不停地轻轻搅动，才能使沉底的饺子在重新变得硬挺之前脱离锅底，而不会变成一锅面片糊糊汤。忙活一天的成果是否毁于一旦，完全取决于能否安全度过这刚入锅的生死 1 分钟。可以将包好的饺子先放冰箱冷冻一会儿，再放入淡盐开水锅中煮，就可以成功地解决巴锅的问题：饺子冻过之后就会变得硬挺结实，完全能够经受住漏勺的轻轻搅动，而不必担心粘锅粘连的现象出现。擀皮的功夫是省了，煮饺子却是大费周章，吃到嘴里也缺少应有的筋道口感。可见，不用手工擀皮儿包的饺子终归不是完美的饺子。

所以，还是喜欢自己和面擀皮包饺子。所谓的软饼硬饺子，就是包饺子的面皮要硬实，才能使包的饺子硬挺饱满，经煮不露馅。饺子皮多用小麦粉，为了让面皮更加结实筋道，要用凉水和面。面中放少许盐可以增加面皮的筋度，也可以放一个鸡蛋，但放了鸡蛋的面粉因为筋度过大，擀皮的时候会比较费力，所以一般只加盐就可以了。大约每 500 克面粉加 1 克盐（或 1 个鸡蛋）。加水和面要分次少量加水，以防水量过多。如果水偏多，和好的面偏软虽然容易包，但煮的时候容易破；反之如果水偏少，面硬，擀皮费事，包亦费劲，但口感好。所以和面不光是个技术活，更是一项力气活；如果是做蒸饺，则可以一半面用开水烫，一半面用凉水和，再将两种面揉到一起就可以了。

在盆中将面粉揉成面团后，要盖上湿布静置半个小时左右，让水充分地渗入面粉颗粒中，这叫醒面。把醒好的面团放在面板上，搓成圆柱形长条；再揪（或切）成剂子，用手压扁，然后用擀面杖擀成中心部分稍厚些的饺子皮，就可以包馅了。

饺子的肉馅一般用猪前腿肉，制作肉馅的最高境界当然手工剁馅最好。以前在家包饺子，肉买回来后清洗干净，剔去骨头肉皮，再将肥肉瘦肉分开来细细制成馅。特别是瘦肉，一定要细剁成蓉，而肥肉则切成米粒大小就可以了；然后将两者合入一个盆中，打一个鸡蛋，再加入适量盐、酱油、味精调匀，再分次添加葱姜水顺着一个方向搅匀上劲。调好后，要将肉馅盖好放入冰箱静置冷藏 1 到 2 小时，以便让味道全部渗入肉中，而肉中的脂肪水分也完全冷却凝固，这样包出的饺子才会干爽结实。如果实在嫌麻烦，就直接用机制肉馅好了。不过还是请尽量自己购买满意的猪前腿肉，让商家在你的亲自监督之下，将肉洗净后再代为加工成肉馅才比较安全放心。

调好了肉馅，就可以处理蔬菜了。要尽量早地把蔬菜洗净晾干，尽量迟地切配蔬菜。剁早了，菜拌入肉馅中的时间过长，会渗出大量的汁水而导致馅料过稀，造成饺子严重渗水，所以必须等面醒好了，要开始包了，方可将蔬菜和入肉馅中调匀。一般切配蔬菜时，要在切碎以后加少许盐与蔬菜一起剁，这样可以让菜中水分最大限度地渍出。剁好后，还要用纱布包住菜末挤去多余的汁水，才可以调入馅中。将菜末散开盖在早已调好的肉馅上，再泼一大勺炸好的花椒油，让滚热的油在蔬菜的表面形成一道保护膜，可以锁住菜的水分不进一步渗出，最后再与调好味道的肉馅一起拌匀。这样包出的饺子馅料才够鲜嫩松软，饱满多汁——这可是家传秘方中必不可少的增香秘籍哦！

荠菜元宝大馄饨

春风十里，不如荠菜半斤。乍暖还寒的早春二月，带一盒鲜美异常的荠菜大馄饨做便当，工作中所有的辛苦劳累，都会被这扑面而来的春风吹得烟消云散，这便是所谓的工作赏春两不误吧？

因为在兰姨的《温暖传家菜》一书中，已经有了制作荠菜大馄饨的详细步骤，这里就不再重复，若无《温暖传家菜》，可参照本书《萝卜缨饺子》的调馅配料与步骤，将萝卜缨替换成荠菜即可。这里重点介绍南方惯常包菜肉大馄饨的元宝包法，包出的大馄饨馅多个大，形似元宝，可爱又讨喜。

原　料　荠菜肉馅500克，大馄饨皮40张

步　骤

1. 荠菜择净洗好用开水焯下切碎，挤去多余的水，与调好味的肉馅拌匀。
2. 将大馄饨皮平摊展开，将适量的菜肉馅置于皮儿的上半部位。
3. 将皮儿对折起来，在皮儿边沿需黏合的部位蘸少许水，用力捏合紧。
4. 用双手食指将馄饨边轻轻抬起，再用大拇指轻轻将皮儿里的肉馅向里推到隆起（这里为了拍照，只用左手示范，应该用双手推哦！手法要轻，不要捏爆了）。
5. 继续蘸少许水于连接处，左侧在上，右侧在下将两角合拢捏紧即可。

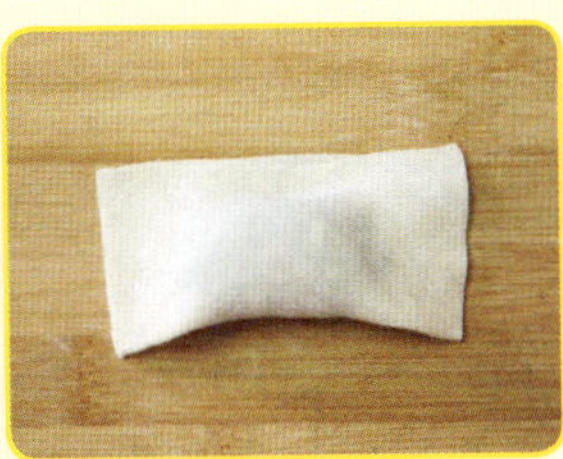

6. 烧水煮馄饨：将大容量的锅装水加小半勺盐，水开后将馄饨轻轻推入锅中，用漏勺背轻轻推搅以防粘锅或粘连；全部散开后，加盖大火煮。
7. 一个稍大的深盆，倒大半盆凉开水或纯净水待用。
8. 煮馄饨的水沸滚后，点小半碗凉水止沸，如此反复三次，至馄饨全部漂浮在水面即为煮熟，捞起。
9. 放入装有凉开水的盆中过下凉捞出装盘，再用筷子一个一个夹入便当盒中，稍凉，盖紧盒盖。鲜美的荠菜馄饨便当就准备好了。

兰 姨 秘 籍

① 包馄饨时的一合一推，左角压右角，双手配合协调，一气呵成。因为是购买的机制馄饨皮儿，所以较干且无弹性，需在连接部位蘸少许水才利于黏合。连接的部位务必要捏紧捏牢，才不会散开。

② 既然是馄饨，必定得有汤头才好吃，关于汤头的制作，请查阅《温暖传家菜》中的有关章节。而作为便当，肯定无法携带更多的汤水，只好省略掉汤头，只带纯粹的干货。因为是机器压制的馄饨皮，皮儿薄且脆，极易粘连破损。因此煮好后要用凉水迅速过凉，才能有效防止馄饨皮粘连，确保大馄饨的形状完整，风味不失。如果是在家中食用，因为有汤头相佐，所以不需要凉水过凉，煮好了直接捞入汤头中，热气腾腾的才好吃哦。

③ 煮馄饨的水中放少许盐，可以提高馄饨皮儿的强度，久煮而不易破损。

④ 用微波炉热饺子和馄饨，要洒少许水在表面，高火打 2 至 3 分钟，再酌情添加即可。

面面相聚

萝卜丝虾仁包子

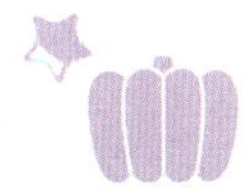

有主食有肉有菜，包子是可以当饭吃的，当然也可以成为便当——没有饭的时候，就带几个包子呗——作为调剂，偶尔吃吃包子未尝不可。何况这款萝卜丝虾仁包子，好吃得更是没话说！

说到包子，绝对不能不说江苏扬州的包子，个人认为比北方的包子要精致细腻得多，尤其是著名的萝卜丝包子，用料和工艺都非常考究，鲜香而不油腻。

萝卜丝包子的提鲜亮点是开洋，即干虾仁。开洋和萝卜，两种味道互为因果，共同提升，使整个馅料的味道鲜美无比，令人久久回味。但自从看过什么虾干、鱼干之类在晾晒过程中被喷杀虫剂的恐怖报道之后，就再也不敢问津这类的干货，而改用北极虾的虾仁，却有了另一番甜美鲜香与筋道。

萝卜丝虾仁包子的做法

馅 料

原 料 大白萝卜一个约500克，五花肉200克，北极虾300克，青蒜叶2根

配 料 黄豆酱油2汤匙，白胡椒粉、糖、盐、味精适量

面　皮

原　料　面粉 500 克，水 250 克，酵母粉 5 克

步　骤

一、发面

1. 干酵母用水溶解成混合溶液，倒入面粉盆中将面揉成团（水的温度要注意，夏天用凉水，冬天用温水，水温不可过高，过高会烫死酵母，以不烫手为适宜）。

2. 将面团置于面板上揉 20 分钟，揉的过程中不要再加底面直接揉，一直揉到面团不再黏手；

3. 拉起面团能够抻长且不断裂，即为面筋扩展阶段，因为是用普通面粉而不是高筋面粉，只用揉到这个阶段蒸出的包子才会像面包一样松软。

4. 再将面揉成光滑的面团，放回盆中盖上湿布发酵。

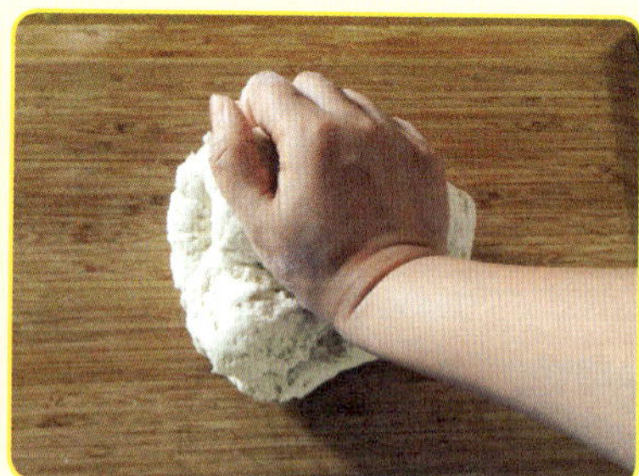

二、调馅

等待面团发酵的过程中，开始制作包子的馅料。

1. 五花肉的肥瘦肉分别用刀切成细小的肉丁，青蒜叶切末待用。

2. 北极虾剥虾仁切成粗粒，这样的虾粒才筋道有嚼头。

3. 萝卜刨成丝，放入开水锅内快速烫下，以去除萝卜的“臭味”。萝卜丝要烫熟，但又不能煮得过于软烂，捞出后用布包起来用力挤去水分，使其干湿适度，将焯好的萝卜丝打散待用。

4. 炒锅置火上烧热，放少量油先将肥肉丁炒散至油炸出呈微黄色。

5. 再下瘦肉丁炒散，依次放入虾仁、酱油、糖、胡椒粉调味炒匀关火。

6. 将萝卜丝趁热放入锅中拌匀，根据口味加盐与味精调味；撒入青蒜末拌匀，待馅冷却后即可使用。

三、包包子

1. 这时面团已发酵至2倍大（用手指头戳发酵的面团，戳出了小洞且不回弹即为发酵成功）。

2. 将蒸锅倒入凉水，蒸笼上铺好湿纱布待用。再将发好的面团放回面板继续揉，以挤去面中的气体，搓成长条，分成剂子擀成薄皮儿。

3. 包入馅料，捏成褶子封口，放入蒸锅中二次发酵20分钟至所需大小。

4. 将放好包子的蒸锅置火上，大火蒸至水开后15分钟关火。

5. 关火后不可立即开盖，需再静置5分钟才可开盖取出，这是保证包子面皮蓬松不回缩的关键所在，十分重要。

萝卜丝馅的制作要点是：萝卜丝不可烫得过熟，水一定要挤干，萝卜丝吃到嘴里才不会水唧唧的；肉是切丁而不是末，且肥瘦肉分开处理，就使馅料有了猪油和油渣的香气，所以尽量不要用绞肉机绞的肉。黄豆酱油的酱香味是萝卜丝包子必不可少的提鲜秘密。同时，弃葱改用青蒜叶，是烹制萝卜类菜肴的又一独家法门，一般人我可不告诉他。

第二章／无肉不欢

- 玩转卤滋味
- 百变小丸子
- 烤宴
- 鱼悦

老爸是大学里教机械制图的老师，属于典型的工科男。他年轻时高大挺拔，绝对的帅“锅”一枚——直到今天，小侄女都会时不时用爷爷是最帅的老头儿之类的话，哄老头子开心。一名大学基础课教师，却与学生保持着密切的联系，这在学院里并不多见。那时的学生貌似年龄都比较大，到家来都恭敬地老师长老师短的，而老爸却一律让我们以叔叔阿姨相称。每次学生来，老爸都会下厨做些好吃的款待，也不知是他们不请自来，还是和老爸有约在先，反正家里隔三差五总会有人来吃饭，有时是一个，有时是一群，大家都很开心。遇到我们姐妹挑嘴偏食，老爸就会很“严正”地警告：谁不好好吃饭，就送她去上大学！那些学生“叔叔阿姨”们就会很夸张地笑成一片，也不知到底为什么笑。

后来，经过千辛万苦，我终于还是考上了同城的一所重点大学。在学校食堂里，我第一次知道了原来包菜不是只能用手撕的，还可以随便剁吧剁吧帮子梗子一起煮。终于在吃了一份烂乎乎的白水煮包菜之后，才算真正认识到老爸说“送去上大学”这事儿的严重性；也恍然大悟当时那些“叔叔阿姨”为何能笑成那样。于是，每个周末回家打牙祭成了最热切的期盼。然后，从家里带到学校的榨菜肉丝之类的各种小菜，也成了同宿舍其他女孩每周的念想。而学院里每天往返于城郊的通勤车，则成了老爸最方便的运输工具——时不时会托开车的驾驶员，这次捎个酱肘子，下次带两个卤猪蹄，再下次是几个炸肉丸……而且量都不小，老爸总说宿舍里几个丫头一人一筷子就没了。开通勤车的驾驶员是我闺蜜发小的老爹，也十分乐意充当这个运输大队长。但每次从他手里接过这些好吃的，都要被他狠狠地嘲笑一番。虽然觉得很没面子，但心里还是十分快乐。拿回宿舍，八个女孩瞬间就扫光光，世界也因此变得十分温暖和美好。而周末或节假日带同学回家蹭饭，也在不久之后成了常态。毕业多年，还有若干男女同学回忆，说在我家吃过的什么什么菜；而我，除了几个要好的小伙伴，却全然不记得还有谁光临过我家、有幸尝过老爸的手艺了。

后来，谈了恋爱，有了男朋友。虽然不满意，老爸也只是明确提出不满的理由和原因，也没有强烈地加以阻止，但父女间明显有了刻意回避的话题，回家的周期也不再那么密集。再后来，临近毕业分配，学院管人事的负责人特地来说要了一个进人指标，问老爸想不想让女儿回学院工作。而我实在厌倦了从学院幼儿园到附小再到附中，甚至可以读到大学的小圈子生活，一心要随男友远走他乡去领略外面世界的精彩。老爸也不多言，只是吩咐我于某个周日将男友带来，他要见一见。于是，在两个男人长谈几次之后，我便正式离家远行，来到了南京。

毕业后很快结婚生子，做了母亲，直到这时才真正体会到在家做女儿是一件多么幸福的事。远在他乡，再也不会有谁每天会做好满满一桌菜等你回家来吃，更不会有哪辆车特地为你捎来一个酱肘子。那时没有电话，又因种种忙碌与不顺心，往往提起笔也不知从何说起，家书亦变得十分珍贵。再后来，家中有了电话，每周一次的通话问安，就成了老爸的牵挂与固定模式。每天那个时段，他都会早早地守在电话前，禁止任何人使用电话，再一遍一遍地检查电话是否放好；而等到真正打通了电话，又急忙说他很好，活蹦乱跳地能吃能睡，身体各项指标都十分正常，然后再匆匆挂掉，俨然一个生怕浪费儿女电话费的抠门老头儿——这与印象中那个英俊洒脱的帅“锅”形象完全判若两人。

然后，每次回家探亲，都能明显地感觉到老爸又老了些，慢慢地就真的变成了“老”爸：头发全白了，腰板也不再挺拔，步履也不再那么矫健——终于，那一口白牙也全部掉光，装上了假牙。只是，依旧还是那么钟爱制作美食，那么勇于创新：没牙了，水煮鱼片里的黄豆芽咬不动，就放微波炉里先打几分钟再煮；妹妹送个流量、话费包月的手机，不过一个星期，就学会了玩微信，俨然一个潮老头，走哪儿手机都拿在手上，时不时发张老两口到此一游的靓照给我们欣赏点评。当然，最高兴的是他可以潜水到我们的微博、微信上去围观一番，虽然极少点赞或发表评论，却全部了然于心。好在大家从小都是乖乖女，不会发什么奇谈怪论惊着他，也乐得多他一个忠实的粉丝。因为老爸的关注，更会有意识地多晒一些自己家长里短的点点滴滴。

日子就在这不经意间慢慢流淌着。貌似已经记不清老爸今年到底该是多大岁数，我想其实还是根本就不敢去想他的实际年龄，总是自欺欺人地骗自己说老爸还年轻，唯愿这静好时光能这样一直持续下去。不知不觉中，在儿子的午餐便当里，老爸当年时常捎来的酱肘子、卤猪蹄、炸丸子，却成了不可或缺的主打菜式。只是不知儿子在享受这些美味的时候，会不会也像当年那个在车站等着通勤车的女孩一样，心中洋溢着满满的欢乐和幸福。

酱汁肘子和卤猪心

酱肘子和卤猪心的做法

原　料　猪肘子（前蹄）1只，猪心1个

配　料　酱油、盐、料酒、酒酿、腐乳汁、葱、姜、花椒、八角、桂皮、三奈适量，煮茶蛋料包（姜片、大料、白胡椒、小茴香、肉桂、陈皮、木香、丁香、白果、甘草、肉蔻、茶叶、花椒、白芷）1小包

步 骤

1. 将花椒、八角、三奈等小粒调料装入调料盒拧紧，与姜块、酱油、盐、料酒、酒酿、腐乳汁、桂皮、煮茶蛋料包等一起放入大锅中，加入能没过肘子的水烧开后转小火熬 20 分钟，调制成酱卤汁。

2. 将肘子拔净残留的毛桩洗净，与洗净的猪心一起放入冷水锅中，大火烧开焯去血水，捞出洗净，趁热再检查下肘子，将残留的毛桩彻底清理干净。

3. 葱打结与焯好的肘子一同放入调好的卤汁内，大火烧开后撇去浮沫，改小火焖煮一个半小时，用筷子能轻松插透肘子即可关火。盖好锅盖继续将肘子浸泡在卤汁中自然冷却。

4. 将冷却的肘子与猪心捞出沥干，或切片装盘，或做卤水拼盘便当，都是超级解馋的硬菜，足够应付无肉不欢的食肉动物一阵子了。

① 猪肘子又叫蹄髈，味道较重，烹制之前一定要先用凉水煮开焯水后再捞起冲洗干净，然后再用凉水炖制，才能使肉中的血水完全渗出，开锅后再将残留的浮沫撇净，就可以去除异味和腥味，确保成品干净清爽。

② 猪心虽然属于内脏，却是脂肪含量极少的瘦肉类型。如果单独卤制，难免会因缺少油脂而显得过于干涩。若与肘子一起卤，则可以利用肘子丰厚的油脂让猪心更加润泽。与酱肘子一起拼盘，更是肥瘦得当，更利于食用者各取所需。

③ 卤肉调料中加入腐乳汁，一方面可以增加卤汁的味道层次，还可以使卤肉不用加红曲米也能呈现出迷人的酱红色，而加入兰姨自制的酒酿，使肉香更加醇厚回甘。

④ 特别要推荐下一般超市都有售的这类煮茶叶蛋的调料包。查看下配料表，它几乎涵盖了所有卤味所需的调味料——如果想自己凑齐这些品种，恐怕要装满满的一大包。对普通小家庭而言，不仅比例不好把握，还极易造成不必要的浪费。如果换成这种调料包，每次使用一小袋，不仅分量比例都将将好，而且包在茶袋里，更易于使用和保存。平常逛超市，不妨多留意一下这类十分人性化的方便产品，往往会有事半功倍的良好效果。

延伸菜品 1

酱汁蹄髈便当

原　料　酱蹄髈肉1块，时蔬

配　料　卤肉汁小半碗，料酒1汤匙，酱油半汤匙，冰糖1小块

步　骤

去掉中间的大骨头后，将卤好的酱肘子按部位分解存放。第二天早晨起来，取一块切成2厘米见方的小块，皮朝下整齐码入碗中，加1汤匙料酒、1小块冰糖、1汤匙酱油与2大勺卤肉汁，置于蒸锅中大火蒸20分钟取出。将蒸碗中的汤汁倒入炒锅内大火收汁熬至浓稠，浇在倒扣于便当盒中的肉块上，软糯香甜的酱汁蹄髈就出炉了。配上在蒸肉时制作好的新鲜时蔬，一份快捷解馋的硬菜酱汁蹄髈便当就制作完成了。

兰姨秘籍

一般便当不推荐红烧肉之类过于油腻的菜式，因为经过微波炉加热后很难保持原有的风味，且十分油腻。但蹄髈却因瘦多肥少富含胶原质，加热后食用仍会保持Q糯的弹性；若不加热直接凉食，则更是Q弹十足另有风味。所以，酱汁蹄髈是非常适合食肉一族携带的便当菜式。

延伸菜品 2

肉骨头便当

原　料　带骨蹄髈肉1块，卤鹌鹑蛋6个，广东菜心

配　料　卤肉汁1小碗

步　骤

一大早起来，将事先分解好的这根肉骨头，和事先用卤肉汁卤好的鹌鹑蛋一起继续加卤肉汁焖炖15分钟后收汁，有肉、有蛋的肉骨头便当，连制作白灼菜心带煮早饭，前后不过用了半个小时而已。倒是煮杂粮饭用去了更长的时间：电压力锅从上汽加压到程序完成后解压开启，前后历时约45分钟，正好与吃早饭同步完成——时间就是拿捏得这么准！

延伸菜品 3

洋葱炒猪心

卤好的猪心，除了直接吃，回锅炒一下，也十分下饭。

原　料　卤猪心半个，洋葱半个，青椒1个，胡萝卜小半个

配　料　生抽适量，盐、黑胡椒碎少许

步　骤

1. 将猪心切片，洋葱洗净切块，青椒洗净切片，胡萝卜削皮切片。
2. 炒锅置火上烧热，倒1汤匙油，下洋葱炒香，下胡萝卜片、

青椒片翻炒均匀，撒少许盐调味。

3. 下猪心片与洋葱等一起翻炒均匀，烹少许生抽调味，研入少许黑胡椒碎，即可关火装盒。洋葱亦可换成茭白等当季时蔬，荤素搭配好营养。

延伸菜品 4

筒子骨红烧鹌鹑蛋

筒子骨，又叫大棒骨，是猪腿部位的骨头，骨头中空有骨髓。因为筒子骨的骨髓含有很多骨胶原，可以促进伤口愈合，增强体质，故多用来熬汤。南京的筒子骨一般都有较多肉，常常会连带着一根蹄髈骨整体卖，十分庞大。那个蹄髈骨，有时带皮有时不带皮，完全凭老板心情。当然，买或不买也全在你。筒子骨和鹌鹑蛋一起卤制或红烧，啃起来是相当过瘾。仅仅肉块，就把个便当盒塞得满满当当，奢华之气尽显。

原　料　猪腿骨 1 根，熟鹌鹑蛋 30 个

配　料　老抽 2 汤匙，生抽 2 汤匙，蚝油 2 汤匙，葱 3 根，姜 1 块，八角 2 颗，桂皮 1 小块，花椒数颗，盐、冰糖、料酒适量

步　骤

1. 骨头冷水下锅，大火烧开后捞起，用温水将吸附在骨头表面的浮沫

等全部冲洗干净，沥干待用。

2. 炒锅置火上烧热，倒油用花椒炝香，将花椒粒捞出丢弃，改小火将碾碎的冰糖慢慢炒化至油呈淡黄色；下生姜、八角、桂皮入锅略炒香，将焯好的筒子骨入锅改大火炒糖色，烹入料酒去腥。

3. 加入老抽、生抽、蚝油翻炒均匀，加温水没过骨头大火烧开，放入葱结后小火慢慢焖炖约半个小时，放鹌鹑蛋一起炖 20 分钟至肉烂蛋入味，尝下味道酌情加盐后大火收汁，起锅时撒上葱花提味即可。

特点：肉骨头酱香浓郁，鹌鹑蛋咸鲜入味，所谓的大块吃肉大只啃骨头——就是这么痛快！

头天烧好之后，预先留下几块肉骨头和六七个鹌鹑蛋。早晨 6 点多钟起来，将杂粮饭用电压力锅煮上，把小米粥炖在砂锅里，再将肉骨头和豆角一起烧熟，炒个木耳莴笋，顺手又加了一小撮清晨的开胃小菜糖醋萝卜皮，7 点 10 分就全部搞定，开始吃早餐。

卤 蛋

也不知怎么了，一夜之间，人人都举着一枚茶叶蛋在那儿高调炫富，让俺这些只会将茶叶蛋默默吃进肚子里的人难免有些摸不着头脑。一颗不起眼的卤蛋，咋就突然飞上枝头变成凤凰了呢？

茶叶蛋，是中国特有的也是流传最广的小吃。作为民间小食，茶叶蛋究竟起源于何时何地已无从考证。同样是传统的蛋类加工品，茶叶蛋既不似咸鸭蛋或松花蛋那般以复杂的制作工艺著称，又不似瓢儿鸽蛋那般堂而皇之地跻身于楼堂馆所。而同为五香茶叶蛋，小巧精致的五香鹌鹑蛋赫然立足于秦淮名点之列，而茶叶鸡蛋则默默地飘香于民间的穷闾陋巷，一直显得十分低调。

鸡蛋，当算是咱寻常百姓人家最简单易得的营养品。在物资匮乏的年代，小小的鸡蛋不知承载了多少人童年最美好的记忆：生日了，妈妈会煮一个水煮蛋，让你在众多兄弟姐妹羡慕的眼神中独自享用；生病了，妈妈会蒸碗鸡蛋羹，用调羹舀着，轻轻吹着喂到你的嘴里……而让人印象最深刻的，当属王安忆《流逝》中的女主角，在“文革”中为落魄的家人做的那碗奢侈的红烧肉卤蛋。小说将全家老老小小享受卤蛋时的微妙心理刻画得十分细腻传神，在同样经过了那段艰难岁月的读者心中引起了强烈的共鸣。在那个年代，除了生日和生病时的特殊眷顾，何曾有过满满一大碗卤蛋摆在桌上让全家人尽情享用的盛况？

卤好蹄髈，看到一大锅油光红亮的卤肉汤，啥也别说了，必须得来个比土豪茶叶蛋还要任性的卤蛋。

卤蛋的做法

1. 鸡蛋 20 个，放入冷水锅中大火烧开即关火，不开盖，放至自然凉又不烫手，就可以剥蛋壳了。

2. 将剥好的鸡蛋洗净，放入卤肉汤中，大火烧开，改小火煮 20 分钟关火，煮好的卤蛋可以泡在汤汁里。如果耐得住馋，最好第二天再吃，这样才比较入味。

① 煮鸡蛋要用冷水煮。一般而言，大火烧开水后立即关火，利用水的余温完全可以将鸡蛋焖熟：焖 5 分钟后取出，就是这种蛋黄刚好凝固的状态；若喜欢再嫩点，则 4 分半钟取出；若喜欢更老一些，就多于 6 分钟。这样焖出的鸡蛋，不必过凉水也很好剥。

② 卤好的鸡蛋捞出装入密封盒内入冰箱冷藏保存，三天内吃完就可以了。家里人多，所以量大。若人口少，就少卤几个，长时间吃不完坏了就可惜了。

卤牛肚

如何运用老卤卤出自己喜欢的卤味呢？就以这款卤牛肚来示范——重点是方法的掌握，诸如卤豆腐果、卤鸭腿、卤牛舌等便当，都是使用如下方法制作的，请灵活运用。

卤牛肚的做法

原　料　牛肚半成品 1000 克

配　料　卤肉汁 1 碗，八角 2 颗，桂皮 1 块，生姜 1 块，葱 2 根，酱油、盐、冰糖适量

步 骤

1. 将牛肚洗净，放入冷水锅中再焯下水捞出，趁热将附着在毛肚上的油渍彻底冲洗干净后沥干。

2. 将洗净的牛肚放入卤锅中，姜拍散，葱打结，放入八角、桂皮、盐、冰糖，倒入卤肉汁，加1汤匙酱油，加水没过牛肚，开大火烧开，改小火炖1个小时至牛肚软烂关火。待汤汁冷却后再将牛肚捞出。

① 牛肚属于十分庞大且又难以处理的动物内脏，杂质多异味重，必须专业人士才能处理干净。并且，小家庭是无法一次消耗掉一个牛肚的，所以一般都是去购买经过处理的半成品，回来进行再加工。这是在农贸市场清真牛肉专柜购买的，因为长期在他家购买，所以对肉类的质量和食品卫生安全等问题还是很放心的。买回来的牛肚只是经过了初步的加工处理，还没有成熟，必须煮熟至软烂才可以食用。

② 用老卤制作卤肉，新加的香料只是起补充作用，所以用量不必太多。八角、桂皮只两三颗足矣。因为老卤有盐味，所以要注意盐量的把控，酱油主要起调色作用，所以建议使用色深味淡的老抽，1汤匙就够了。

③ 卤过牛肚的卤汁会有较重的腥膻味道，可以弃之不要了。

④ 卤好的牛肚便于贮存，保质的时间相对要长久些。直接食用，或配菜回锅炒制都可以。

⑤ 先将肉类焯下水以去除血水及杂质之后再卤制，效果更佳。卤油豆腐果，也需先用清水氽去表面的浮油。油豆腐果因为内部都是小孔，所以焯水时会全部漂浮在水面上，需用锅铲不停地按压。至水开再煮5分钟即可捞出沥干，另起一锅加几颗八角桂皮红辣椒，切根鲜笋加卤肉汁卤入味，再大火收汁就可以了。

延伸菜品

青椒姜芽炒牛肚

原　料　卤好的牛肚，嫩姜芽 2 块，青椒

配　料　油，料酒，生抽，黑胡椒碎

步　骤

1. 嫩姜芽洗净切丝，青椒洗净切丝，卤牛肚切丝。

2. 炒锅置火上烧热，倒 1 汤匙油烧至六成热，下牛肚丝入锅煸炒均匀，烹入少许料酒、生抽调味。

3. 下嫩姜丝与卤牛肚一起炒至姜丝变软，下青椒丝继续翻炒均匀，最后研少许黑胡椒碎入锅拌匀即可关火装盘。

特点：卤牛肚 Q 弹富有嚼劲，嫩姜丝开胃提神，是绝对的米饭杀手。

兰姨秘籍

卤肉剩余的肉汤，烧开后撇去浮沫滤去杂质，就是千金难求的百味之源——老卤。因为老卤中含有一定量的萃取物质和蛋白质的中间分解物（如氨基酸等），所以提鲜效果十分显著。巧妙地运用老卤，可以非常方便地制作很多卤味菜品，如卤鸭腿、卤鸡腿、卤牛舌等。只要将原料洗净焯水滤去血水和杂质，放入汤卤中再补充适量的酱油、盐、八角等香料，就可以轻而易举地做出味道十足的卤味。那些所谓的百年老卤，就是在每次使用之后，再烧开滤去浮沫和杂质，日复一日多年使用得以传承下来的。家庭使用当然不可能这样天天卤不停。但既然难得卤一次，就尽可能将这个卤肉汁使用殆尽好了，因为倒掉实在可惜。比如，这次的卤肉汁，卤过鸡蛋之后，又卤了一次鹌鹑蛋，然后用于制作酱汁蹄髈，做烧肉骨头的焖烧汁，最后剩下的全部拿来卤了豆腐果，可是一点都没有浪费哦。

如果你家冰箱足够大，也可以在每次使用后，将卤肉汁再烧开并滤去浮沫和杂质，晾凉后装入干净的密封容器内入冰箱冷冻，下次要用时再取出。这样就可以长期反复使用了。需要提醒的是：密封的容器不可装得过满，以防老卤冰冻后体积膨胀把容器撑破了。

玩转
卤滋味

卤肉饭

有了卤肉汁，制作一碗肥而不腻、甜咸适口、香浓四溢的卤肉饭就十分方便了。带有厚重口感的卤肉，配上一碗蒸得不软不硬的白饭，每一粒米都吸透了黑红的汤汁，醇厚香浓的味道超乎你的想象。

卤肉饭的做法

原　料　猪五花肉400克，卤肉汁1大碗

配　料　洋葱半个，水发香菇6朵，姜2片，蒜4瓣，盐、冰糖、料酒适量，青菜心4棵

步骤

1. 五花肉洗净切成1厘米见方的小肉丁；干香菇泡发后洗净，3朵切成小丁，3朵不切另用；洋葱切粒；姜、蒜切末；青菜心洗净待用。

2. 炒锅置火上烧热，倒入1汤匙油将姜末、蒜末小火煸香，下洋葱粒继续最小火煸炒至金黄，下香菇粒继续炒香。

3. 下五花肉丁改大火炒至肉色变白，烹入2汤匙料酒，再加小半匙生抽、3块冰糖翻炒均匀，倒入卤肉汁没过五花肉，大火烧开。

4. 将炒锅中的五花肉及汤汁全部倒入砂锅中微火慢慢卤一个半小时至五花肉软糯，汤汁浓稠（快起锅时，

将事先用卤肉汁卤好的鸡蛋放入略微加热即可关火）。

5. 卤肉的同时，另起锅将剩下的香菇与菜心焯熟待用。

6. 盛一碗米饭，浇上卤肉及汤汁，配上焯好的香菇菜心及卤蛋，一份香气四溢的卤肉饭就做好了。

① 用卤肉汁炖五花肉，省去了炒糖色步骤，对于厨房新手而言十分方便。而且卤肉汁本身的酱香已经足够，只需加少半匙生抽调味即可（若口味重，再适当加少许盐自行调节），完全不用再加八角、桂皮、五香粉之类的香料，操作起来非常简单。

② 台湾卤肉饭中最重要的调味料就是蒜末与洋葱酥。制作洋葱酥比较麻烦，这里直接将洋葱末小火煸至金黄后再放入五花肉炒香，效果也很好。

③ 香菇请使用干香菇。只有干香菇才有浓郁的香气和干香的口感，鲜香菇要逊色许多。

④ 砂锅保温性能好，炖肉效果佳，但水分蒸发较快，务必要一次性加好足够的汤水，切忌炖制途中另外加水。要用微火慢慢炖，卤肉的味道才浓郁厚重。

⑤ 最后的汤汁不要收得过干，米饭要充分拌上卤肉汁，吸透了红黑的汤汁，卤肉饭的风味才可以充分展现出来。

配菜展示

香菇扒菜心。

腐乳烧猪脚

猪脚最为人称道的就是丰富的胶原蛋白，是无肉不欢一族心头最爱。腐乳汁富含了豆腐乳所有的营养成分与微量元素，且十分咸鲜。用腐乳汁来烧猪脚，不仅入味好吃，更兼具了黄豆烧猪脚的一切营养元素，且极易被消化吸收；同时，腐乳汁本身具有的红曲颜色，又赋予了菜品美丽的暗红色，更加令人食欲大增，是一道好处多多的美味，更是一道超级下饭的便当菜。

腐乳烧猪脚的做法

原　料　猪脚4只

配　料　腐乳汁5汤匙，老抽1汤匙，生抽1汤匙，蚝油1汤匙，葱3根，白酒2汤匙，姜1块，花椒数颗，八角2颗，桂皮1小块，冰糖、料酒适量。

步骤

1. 猪脚请肉摊老板帮忙，剁成小块。回家用温水洗净，初步将明显的毛桩处理干净，放入凉水锅中，加葱结、花椒、拍散的姜块与2汤匙白酒大火烧开，沸滚5分钟至血水全部析出。

2. 捞出猪脚，用温水将吸附在表面的浮沫等全部冲洗干净，趁热将残留的毛桩全部剔除干净，夹缝中的藏垢处尤其要注意，如果不易处理，用刀趁热很容易切除掉。

3. 炒锅置火上烧热，倒油用花椒炝香，将花椒粒捞出丢弃，改小火将碾碎的冰糖慢慢炒化至油呈淡黄色。

4. 将生姜、八角、桂皮入锅略炒香后，把焯好的猪脚入锅炒糖色，烹入料酒增添锅汽并去腥。

5. 加入老抽与生抽继续翻炒至每块猪脚都均匀上色，倒入红腐乳汁继续翻炒，使猪脚更加上色。

6. 加温水完全没过猪脚改大火烧开，放入葱结小火慢慢焖炖约1个小时至猪脚软烂后，大火收汁即可。

① 猪脚烧制的时间较长，一般需要1小时左右，请一次添加足够的水，并注意火力的控制，要保证中途不需另加水也能将猪脚炖得软糯香甜。

② 对于猪脚这类不易软烂的食材，许多“童鞋”喜欢用高压锅来高效解决问题。个人不推荐，因为猪脚的腥气很重，必须慢火细炖，让腥气随蒸汽一同蒸发，同时将生姜、八角、冰糖等调料的香味慢慢炖入味，才能较好地去除腥臊气息。而高压锅密封性太好，效率极高，不仅腥气跑不掉，炖制的时间不够，配料的香气也无法融入猪脚中，所以不好吃。

延伸菜品 1

茨菰烧猪脚

茨菰，是江南独有的食材，多在沟塘水田中种植，秋冬应市，风味似栗，松软中略带甘甜。茨菰一定要与肉一起烧才能中和掉本身的苦涩味道，用来炖猪脚就更加细腻香滑，粉糯可口了。

原　料　茨菰500克，猪脚3只

配　料　腐乳汁5汤匙，老抽1汤匙，生抽1汤匙，蚝油1汤匙，葱3根，姜1块，八角2颗，桂皮1小块，冰糖、料酒、盐适量

步　骤

1. 将茨菰洗净，用钝器将皮轻轻刮掉，顶端那个像箭头一样的小芽是可以吃的，不要削掉哦。全部刮完洗净，切成滚刀块。
2. 参照“腐乳烧猪脚”步骤1～6，将猪脚炖烂；下茨菰块大火烧开，继续改小火焖至茨菰绵软，尝下味道，根据口味酌情加盐调味：因为腐乳汁、酱油汁、蚝油都有盐味，所以一定要尝过之后再酌情添加盐，以防过咸。
3. 改大火收汁至油亮汁浓，起锅装盘，撒少许葱花调色提香。

特点：猪脚色泽红亮，丰腴肥润；茨菰细腻香滑，粉糯香甜，非常下饭。

延伸菜品②

腐乳煎鸡翅

利用豆腐乳调味做的煎鸡翅，绝对是超级简单的快手菜。

原　料　鸡翅中 10 个

配　料　腐乳汁 2 汤匙，油 2 汤匙，蚝油 1 汤匙，生抽 1 汤匙，蜂蜜 2 汤匙，白酒、盐、黑胡椒碎各少许

步　骤

1. 鸡翅洗净，两面各划两刀，先用少许白酒、盐、黑胡椒碎略揉码味，用腐乳汁、生抽、蚝油及蜂蜜调制的酱汁腌制 15 分钟。

2. 煎锅置火上烧热，倒 2 汤匙油摇匀，将腌好的鸡翅放入锅中小火煎至两面金黄，烹入腐乳汁等合成的调味汁与水，加盖改大火焖 10 分钟，最后收汁即可。

兰姨秘籍

将鸡腿肉腌好，中小火煎至两面金黄，烹入料酒、生抽、糖和八角、桂皮加水焖熟的红烧鸡腿；加松子肉馅煎的松仁酿鸡腿等，都是利用各种卤汁制作而成。

笋干菜烧豆角

梅菜和笋丝一起腌制晒干后，就是笋干菜。相对于梅干菜，笋干菜里多了笋干的脆嫩与鲜香，更美味，当然，价格也更贵些。除了常见的笋干菜蒸扣肉，笋干菜烧肉、烧排骨也是很好的搭配，一样的浓郁鲜香。在兰姨的书《江南味道》中，有专门的章节详细介绍“梅干菜扣肉”和“笋干菜烧排骨”的做法。

这个笋干菜是闺蜜特地从杭州带来的，鲜美异常。用它来红烧了排骨，再配一个素炒的花菜，与香甜的红薯米饭一起成就了一顿完美的午餐。与排骨一起炖出的卤汁又红又亮，因为过于咸且便当盒不方便携带就留在了冰箱里。晚上就用这又咸又香的烧肉汁来烧了个四季豆，顿时让素净的豆角平添了几分醇厚的肉香，显得卤味十足，“荤”然天成。

笋干菜烧豆角的做法

原 料 四季豆300克，笋干菜卤汁

配 料 油、生抽、糖适量

步 骤

1. 四季豆洗净折成段。

2. 炒锅置火上烧热，倒入2汤匙油烧至5成熟，下四季豆煸炒至全部变色，加1汤匙生抽、少许白糖翻炒均匀。

3. 1碗笋干菜卤汁和小半碗水倒入锅中大火烧开，加盖焖至豆角熟透，收汁即可。

延伸菜品 1

梅干菜扣肉焖豆角

与红烧肉一样，梅干菜扣肉焖豆角也属于适合在家吃而不宜做便当的菜，原因就是太过油腻，一便当盒肉放到微波炉中热过之后，可能会出半盒油。所以，梅菜扣肉还是尽量在家蒸着吃为好。吃到最后，也会剩下很多油油的卤汁，那可是将肥肉中的油脂全部蒸出来所致。特地留两块肉用来焖豆角，烧出来的成品红亮油润，超级下饭。犹嫌不过瘾，又加了几块粉蒸排骨压阵——这样下去会不会很快就变成一个胖子?!

笋干菜烧排骨的做法

原　料　肋排500克，笋干菜100克

配　料　葱2根，姜1块，冰糖4颗，八角2颗，桂皮1块，花椒、油、料酒、老抽、生抽适量

步　骤

1. 肋排洗净剁成小块（可请商家代为加工）；笋干菜不用过度清洗，略过水沉淀下泥沙后捞起沥干待用。

2. 炒锅置火上烧热，倒4汤匙油用花椒炝香后捞出花椒，将洗净沥干的排骨与拍散的姜块、八角、桂皮一起入锅煎炒至排骨变白。

3. 下冰糖继续翻炒至冰糖融化、排骨微黄，烹入料酒，加2汤匙老抽、1汤匙生抽翻炒均匀，下2倍于排骨的温水大火烧开，撇去浮沫，下洗净的笋干菜与葱结一起烧开，加盖改小火焖煮30分钟至排骨软烂。

4. 开盖改大火收汁至浓稠，根据口味加盐调味装盘即可。

特点：浓油赤酱，咸甜宜人，适合下饭。

兰姨秘籍

①排骨最好选用肋排，又叫仔排，容易烧制，味道也好。

②笋干菜一定要慢慢烧制才能将咸香味道一点点释放出来，所以水量一定要一次加足，切不可烧干了再续加水，因此一定要注意火候，不要过大过猛，要小火慢慢炖。

粽香糯米卷

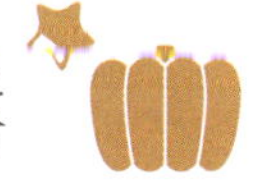

喜欢吃粽子，却一直没有学会自己包。本来嘛，包一次粽子很麻烦的：包少了不值得，包多了吃不完会坏掉；又因为家中的糖尿病病人不能吃粽子，大张旗鼓地在能看不能吃的人面前包粽子貌似太残忍。所以偶尔想吃，也是直接去买几个回来解下馋，大家心里都没有太大的负担。但每到端午节，报社小编辑都会来约稿让做粽子，私底下难免有些心虚。这件事儿让许多朋友多少有些意外：终于发现还有你不会的事情！其实，包粽子也不是什么难事，只是想不想学的问题。这不，昨天高估了家里客人的战斗力，蒸好的梅干菜扣肉基本未动。于是就去买来粽叶，再配点山药、笋干、香菇，卷了几个糯米卷，照样粽香浓郁，软糯咸鲜，口味完全不输给那包得棱角分明的大肉粽。重点是制作方便快捷，迷你小巧，完全没有啃一个大粽子会撑着的负担，一口气吃了好几个仍意犹未尽。又正好包得多，便打包装盒，给儿子充当午餐便当，既当饭又当菜，倒也省事儿。

粽香糯米卷的做法

原　料　梅菜扣肉 4 块，糯米 300 克，铁棍山药 1 段

配　料　水发香菇 4 朵，粽叶 20 张，笋干、生抽、蚝油各少许

步骤

1. 糯米浸泡 2 小时后沥干，铁棍山药洗净蒸熟，笋干、香菇泡发后洗净，粽叶洗净待用。

2. 将蒸熟的山药剥皮切成条，香菇、笋干切条，梅菜扣肉的五花肉改刀切成条。

3. 将山药条、香菇、笋干加少许生抽、蚝油拌匀使之入味。

4. 将适量的梅菜扣肉的汤汁与泡好的糯米拌匀——汤汁很咸，只需少许即可入味并上色。

5. 将拌好的糯米摊在粽叶上，再分别将山药、香菇、笋干与五花肉排放整齐，卷紧后再扎紧。

6. 将全部卷好的糯米卷整齐地放入蒸锅，加凉水后盖好，大火烧开转中小火蒸 1 小时。

特点： 粽香迷人，软糯咸香，迷你小巧。

兰姨秘籍

山药、香菇等原料不易入味，所以要事先用少量生抽和蚝油码下味道，再与拌好的糯米一起卷；梅干菜扣肉的汤汁包含了五花肉蒸出的油脂和梅干菜的咸香味道，用来蒸糯米饭十分好吃，但要注意味道很咸，所以只放少许就可以了。

干切牛肉

腱子肉是牛大腿上的肌肉，有肉膜包裹着，内藏丰富的牛筋，软硬适中，纹路规则，最适合做卤味，尤其做干切牛肉最好。卤完牛肉的牛肉汤，就是极好的汤头，可以成就很多风味小吃。

干切牛肉的做法

原　料　牛腱子肉 1 千克

配　料　盐适量，花椒 10 颗，三奈 2~3 颗，桂皮 1 块，八角 2 粒，生姜 1 块，白酒少许，五香粉少许

步骤

1. 牛腱子肉洗净，放入大些的容器内用凉水浸泡 2 小时以上，以去除血水。

2. 将浸泡好的牛腱肉捞出，擦干表面水渍，倒少许白酒在手上，将牛肉搓揉均匀；加 2 小勺盐继续搓揉按摩，以使盐均匀地分布在牛肉表面；再加八角、花椒、桂皮、三奈及五香粉继续揉匀后，盖上盖子腌制 8 小时（或一夜）。

3. 将腌制好的牛腱放入砂锅中，加凉水，使牛腱肉全部浸泡于水中，大火烧开，撇去浮沫；加拍散的生姜与花椒、八角、三萘和盐，改小火焖一个半小时。

4. 用筷子能插进牛肉即可关火。盖上盖子，让牛肉继续浸泡于汤卤中至自然冷却再捞出沥干。

5. 卤好的牛肉凉透后再放冰箱内冷藏一夜，就很容易切片了！

兰姨秘籍

因为牛肉汤还要再次使用，所以要注意汤卤盐量的控制：腌制了一夜的牛肉，只加少量盐以保持牛肉的盐味不流失就可以了。

延伸菜品 1

麻辣牛肉

原　料　干切牛肉

配　料　秘制辣椒油，花椒粉，花椒油，白糖，生抽，麻油，熟芝麻，香菜，葱，味精

步　骤

1. 先用兰姨的秘制辣椒油加少许白糖、生抽、花椒粉、花椒油、白芝麻、味精、麻油调制好红油。
2. 香菜、葱洗净切成段和丝，与干切牛肉片拌匀。
3. 装盘——麻辣咸香的干切牛肉就做好了，很正宗的川味哦。

① 卤牛肉的汤卤是上佳的面条汤头。如果过咸，可以分成几份冻在冰箱里，每次加适量的水稀释后再使用。

② 关于兰姨的秘制辣椒油的制法，请查阅兰姨的书《温暖传家菜》。

延伸菜品 2

凉拌米线

有了干切牛肉，配上香菜和花生米，就可以拌一个十分正宗的凉拌米线，绝对是夏天最受欢迎的便当。

原　料　米线 200 克，干切牛肉 100 克，黄瓜半根，油炸花生米少许

配　料　橄榄油、香菜、葱花、蒜泥、秘制辣椒油、麻油、香辣酱、酱油、生抽、白糖、味精、盐各少许

步骤

1. 将干米线泡发后煮好捞起沥干，用橄榄油拌开挑散，晾凉后装入便当盒。

2. 干切牛肉切片与米线合装；黄瓜切粗丝，香菜折段，葱切丝另装一盒。

3. 花生米炸好晾凉，装 1 小把在塑料袋中扎紧。

4. 蒜泥、盐、味精、白糖、秘制辣椒油、麻油、香辣酱（老干妈或拌饭酱等油较多的辣酱）、少许酱油等调成酱汁，装入可以密封的小瓶中拧紧。

5. 待中午吃时再将黄瓜丝等和调料酱与米线一起拌匀。

特点：麻辣劲爆，开胃提神。

兰姨秘籍

米线与黄瓜丝等菜蔬要分开装盒，且不可提前拌好，须到吃时再拌。这样既可以保证米线的最佳风味，又可以使黄瓜、香菜等生食蔬菜得以保鲜。若过早拌匀，盐味浸入食材内部，既会导致食材大量渗水，将米线过度浸泡，还会导致成品过咸，无法正常食用。

延伸菜品 3

家常版干切牛肉面

卤牛肉的汤卤，必须用来做一个家常版的干切牛肉面——那可是魂牵梦绕的家的味道。

将汤过滤干净，加半个白萝卜煨成萝卜牛肉汤；把汤浇在用高筋面粉加一个鸡蛋压制出并煮好的龙须面上；撒上香菜青蒜末，摆上切得厚厚的牛肉片，再加点兰姨的秘制辣椒油，家常版的干切牛肉面就隆重登场了。

关于面条的制作，请参阅本书“豆角焖面”之相关步骤。

用同样的汤头浇在米线上，再加点兰姨自制的泡菜，就是好吃的牛肉米线。米线的泡发与煮制方法，请查阅兰姨的书《江南味道》。

延伸菜品 4

清汤虾仁牛肉丸

那天下大雪，天气很冷，就懒得出门买菜。打开冰箱翻检存货，发现还有老早买的牛肉汉堡饼和越南黑虎虾仁，以及冻着的牛肉汤卤。随即取一块肉饼和几个虾仁及一份汤卤出来化冻，遂煮成了这碗鲜美异常的清汤虾仁牛肉丸。

清汤虾仁牛肉丸的做法

原　料　牛肉汉堡饼1块（180克），牛肉汤卤1份，鸡蛋1个，虾仁10个，蘑菇4个，黄瓜1根，胡萝卜半个

配　料　葱1根，姜1片，香菜、盐、蚝油、黑胡椒碎、白胡椒粉适量

步　骤

1. 牛肉汤卤、冷冻汉堡牛肉饼、虾仁取出分别化冻，蘑菇、黄瓜、胡萝卜分别洗净切片，虾仁挑去虾线，香菜洗净切末待用。

2. 葱洗净切段、姜切片拍散，放入小碗中加少许盐捣成泥，加小半碗凉开水调成葱姜汁。

3. 将化冻后的牛肉饼加适量盐、蚝油及黑胡椒调匀成牛肉糜，一边分三次将葱姜水调入其中，一边不停地顺一个方向搅拌上劲，直到肉糜将水分全部吸收，最后打入一个鸡蛋继续顺着一个方向搅拌成牛肉泥。

4. 煮锅装适量水烧开，改小火让水处于微微沸滚状态。

5. 双手蘸少量清水，将调好的牛肉糜团于手中轻轻摔打结实，再从虎口挤出肉丸，用勺子依次舀入水中。至全部牛肉丸制作完成，改大火将水煮开，牛肉丸漂浮在水面上即表示牛肉丸成熟，捞出。

6. 另起一锅，将氽肉丸的汤滤出，加入原有的牛肉汤卤一起烧开，放入蘑菇、胡萝卜片、牛肉丸、虾仁大火烧开煮 10 分钟，酌情加适量盐及白胡椒粉调味，最后加入黄瓜片烧开即可关火。起锅后撒入香菜末提香。

① 牛肉肉质纤维较粗，需调入适量的水才可以使牛肉丸嫩滑水润。顺着一个方向充分搅拌，再加入鸡蛋的目的是为了增强黏性，使肉丸筋道而富有弹性。只要筋道够了，不用添加生粉也不必担心肉丸会团不紧而散开。葱姜水要分次加入，勿一次添加过多，导致过稀而无法成团。

② 氽肉丸的水以能保证牛肉丸能在其中顺畅地翻滚为宜。氽过的汤因牛肉丸渗出的杂质而显得混浊，故需过滤干净才可以保证汤色的清亮品质。

③ 老的牛肉汤卤是有盐味的，氽肉丸的汤也或多或少地煮出些盐味，所以最后的成品要充分考量以上因素，最好先尝下味道再决定是否还需要加盐。

炸肉圆

食肉一族的午餐便当，当然是无肉不欢。肉丸子制作简单，易于贮存，食用方便，自然在老妈便当中出镜率很高。将肉馅调味后搅拌上劲，或用油炸，或用水氽，或蒸或酿，都可以制成美味的肉丸，绝对可以称得上是可爱的“百变小丸子”。

炸肉圆必须是小丸子的经典基本款。炸好的肉圆蘸点番茄酱直接吃，香酥酸甜，有多过瘾解馋就不用在这里赘述了。几个炸好的肉圆配上当令的蔬菜，就是最最简单的便当配菜，简直都不好意思称之为菜谱。一次多炸一些肉圆，制成半成品冻起来，或红烧，或焖烩，或糖醋，丰富多彩的老妈便当 N 多天不重样就绝对不是个传说了。

炸肉圆的做法

原　料　猪前腿肉 250 克

配　料　姜 1 块，鸡蛋 1 个，盐、白胡椒粉、生粉、生抽适量

步　骤

1. 将猪前腿肉洗净去皮绞成肉馅，加盐、生抽、生姜末、白胡椒粉、鸡蛋顺着一个方向搅匀上劲，再加 1 汤匙生粉继续顺着一个方向搅匀，调成肉馅；另准备小半碗水待用。
2. 炒锅置火上烧热，倒油（以能没过所炸食材的量为宜）烧至六七成热。
3. 手洗干净，将调好的肉馅在手中团好，挤成肉丸，调羹在准备好的小碗中过一下水，将挤出的肉圆舀入油锅。
4. 快速将所有肉馅挤好放入锅中，转中火炸到颜色金黄并漂浮在油面上即为成熟，捞出沥油即可。

兰姨秘籍

用手团肉馅时，要略微蘸点水，团出的肉馅和挤出的肉圆才光滑整洁；用于刮取肉圆的调羹也要蘸些水，才会使肉圆能够顺利地滑落入锅，炸出的肉圆才圆溜好看。但切记是“蘸”哦，水量要注意控制，过多的水滴入油锅会引起爆鸣和飞溅，十分危险！手和脸等裸露的部位也要注意不要离锅太近，以免被爆出的油烫伤!!

延伸菜品

罗勒马铃薯肉圆

哎哟，就是土豆烧丸子了！

炸好的肉圆，配上番茄酱或沙拉酱直接蘸着吃，香酥可口；烹糖醋汁回锅炒制，就是酸甜可口的糖醋丸子；加酱油、糖红烧就是红烧丸子；加青菜、白菜、胡萝卜就是各种烩丸子，想怎么吃就怎么吃。这不，受宜家的瑞典肉丸及各种意面配的肉丸的启发，大胆使用罗勒、番茄等调味，装盘后撒少许奶酪粉——一盘土豆烧丸子就华丽变身成了罗勒马铃薯肉圆，高冷洋气得让人不敢直视，味道居然颇受好评，我不禁为此得意了好一阵。

罗勒马铃薯肉圆的做法

原　料　炸肉圆10个，土豆1个，番茄1个，洋葱半个，蘑菇1个

配　料　盐少许，意式混合香料少许，黑胡椒碎少许，番茄沙司适量，奶酪粉适量，橄榄油适量

步骤

1. 煮锅烧开水，将番茄烫下捞出，去皮切块待用；将洗净切块的蘑菇加少许盐焯水后捞起；洋葱洗净切块。
2. 土豆洗净削皮切块，入微波炉高火打4分钟。
3. 炒锅置火上烧热，加2汤匙橄榄油，将肉圆入锅用中火煎至出油，研磨少许黑胡椒碎炒匀调味后，将肉圆铲起。

4. 利用底油将微波炉预处理过的土豆块煎至表面略有焦黄铲起。
5. 下洋葱块炒香后，下番茄块炒至变色出水，下意式混合香料和番茄沙司。
6. 加入水与焯好的蘑菇、煎好的土豆块、肉圆一起大火炖煮5分钟后，加少许盐调味收汁。
7. 至汤汁浓稠装盘，撒少许奶酪粉即可。

特点：酸甜适度，奶香浓郁，意式风味十足。

土豆块微波加热后十分容易绵软，用油略煎下至表面略微焦黄，土豆原有的香甜味道就可以很好地保留下来；肉圆是事先炸好的，味道已经足够，用油略煎下，可以进一步逼出内里的油脂，以便渗入其他食材中以增强肉的香味；番茄的酸甜，土豆的甜香，肉圆的鲜香与意式香料的异香相互提携相互补充，只需加少许的盐提鲜就可以了。

酿青椒

“肉酿”二字，是江南独有。翻译成普通话，就是将调好的肉馅塞入要酿的食材里，比如：肉酿豆腐泡，就是豆腐果塞肉；肉酿面筋包，就是将调好的肉馅塞入油炸好的面筋包中；酿豆腐，就是将豆腐挖个坑填上肉馅再煎制烧熟……烧煮之后的豆腐果、面筋包等筋道入味，把肉馅紧紧地包裹着，使肉馅的鲜美味道得到了完好的保留。所谓酿青椒，当然就是青椒塞肉，又下饭又解馋，而且可以一次制作出很多半成品，分批冷冻保存，烧制之前再取出化冻，方便又省事。

酿青椒的做法

原　料　肉馅250克，青椒10个，油250克

配　料　葱2根，姜1块，鸡蛋2个，盐、白胡椒粉、生粉、生抽、老抽、料酒适量，白糖2汤匙，醋4汤匙

步 骤

1. 葱姜洗净切成段、片，放入小碗中加少许盐及水捣成葱姜汁。

2. 肉馅中依次加葱姜汁、生抽、盐、白胡椒粉、鸡蛋、生粉调味并搅匀上劲。

3. 青椒洗净，取出辣椒籽，将调好的肉馅塞入青椒中待用。

4. 炒锅置火上烧热，倒入油大火烧至六成热，将酿好的青椒放入锅中过油，看到青椒表皮开始起泡即刻捞出；倒出多余的油，留少许底油待用。

5. 小火将葱姜煸香，将酿好的青椒下入锅中，烹入料酒、1 汤匙老抽、半汤匙生抽、半汤匙白糖炒匀后加 2 小碗水大火烧开，加盖焖 10 分钟至肉馅熟透；用 2 汤匙白糖和 4 汤匙醋调成糖醋汁待用。

6. 待汤汁收浓，加糖醋汁不断翻炒至汤汁红亮浓稠即可。

特点：辣椒香辣酸甜，肉丸鲜嫩多汁，超级解馋，开胃下饭。

青椒品种有很多，最好选用薄皮儿青椒——这种青椒辣度适中，大小适宜，且肉薄皮嫩，用来酿肉极好。

酿茄子

同理，酿茄子，就是将调好的肉馅塞到茄子里。准确地说，是将肉馅夹在茄夹里，用油将茄夹炸一道，再加调味料将茄夹烧透。烧好的茄夹吸满了鲜美的肉汁，软糯鲜香，是超级下饭的米饭杀手。但为了自己和家人的健康，油炸类食品还是要尽量少吃。所以，这里的茄夹改用油煎，用油虽少，美味不减。

酿茄子的做法

原　料　猪前腿饺肉馅 200 克，长茄子 1 根

配　料　葱 2 根，姜 2 片，鸡蛋 1 个，油、盐、白胡椒粉、生粉、生抽、老抽、料酒、白糖适量，青、红椒各半个，蒜瓣 2 个

步 骤

1. 将1根葱、1片姜加少许盐捣成葱姜汁，加小半碗水调成葱姜水；肉馅加生抽、盐、白胡椒粉调味后，一边加2汤匙葱姜水，一边用力顺着一个方向搅拌至水全部吸收，再加2汤匙水继续搅至水全部吸收，最后打1个鸡蛋清继续搅匀至肉馅上劲（感觉筷子越来越吃劲搅不动即为上劲）。

2. 长茄子洗净后切掉蒂把，切成4厘米左右的厚片，再在每个厚片的中间切一连刀形成一个夹层。

3. 用干爽的盘子装适量生粉，用手捻少许生粉撒到夹层中，尽量使切面都挂上粉，这样才能让肉馅比较牢靠地粘在茄子上不脱落。

4. 用筷子将肉馅塞到茄夹里，再轻轻合拢茄夹，一个茄夹就做好了，直至全部酿好。

5. 将青、红椒各半个切成青红椒末，2个蒜瓣切成粒，1片姜切末，剩下的葱切成葱花。

6. 将平底不粘锅置火上烧热，加3汤匙油，将酿好的茄夹入锅中火煎至两面微黄后，用筷子夹出待用。

7. 利用底油改小火将蒜粒煸香后，重新将煎过的茄夹入锅，烹1汤匙料酒，2汤匙生抽，半汤匙老抽，再将未用完的葱姜水滤入（注意不要将葱末姜末倒入）；另加适量水至没过茄夹，烧开，加小半汤匙糖提味，加盖焖炖10分钟，中间用筷子轻轻将茄夹翻一次面至茄夹软烂，肉馅熟透，改大火收汁。

8. 将茄夹夹起装盘，下青红椒末于锅内剩余的汤汁中，加入水淀粉勾芡，浇在摆放整齐的茄夹上，再撒上几粒葱花即可。

特点：蒜香浓郁，咸鲜软糯，非常下饭。

兰姨秘籍

① 肉馅加葱姜水调匀上劲时，要分次慢慢加，每次要顺着一个方向搅至水完全被吸收，再第二次加水。切不可一次加得过多使肉馅过稀而无法成团。

② 加鸡蛋清的目的是为了增强肉馅的黏合度，只要搅拌得够力度，可以不用再放生粉，这样做出的肉丸才嫩滑好吃。若无把握，可加小半勺生粉于肉馅中。切记生粉不可过量，多了会使肉馅不滑爽，吃着像面团，影响口感。

③ 茄夹不可过薄，过薄会因煮熟之后过于软烂而导致肉馅脱落。茄夹夹的肉馅也要适量，过少不好吃；过多就容易撑破茄夹且不易煮熟，适度最重要。

④ 可以根据自己的喜好烧不同的风味，比如集甜酸辣于一体的鱼香味，同样美味鲜香。

延伸菜品 1

鱼香茄子

将肉末炒香，加郫县豆瓣酱炒至油红香溢，再与红椒、蒜米一起烧至茄子软烂，调入糖醋汁勾芡，就是最经典的家常菜鱼香茄子，也是便当不可或缺的菜品之一。

原 料 大圆茄子1个，肉末50克

配 料 郫县豆瓣酱1汤匙，葱1根，姜1片，蒜2瓣，油、盐、玉米淀粉、白糖、醋适量，花椒数颗

步 骤

1. 葱、姜、蒜切末；郫县豆瓣酱剁细；1汤匙玉米淀粉加水调成水淀粉，与半汤匙白糖、1汤匙醋调成糖醋汁待用。

2. 茄子洗净，削皮，茄肉切成粗条，用水稍微冲洗一下，以去除氧化的黑汁，沥干待用。

3. 煮锅置炉上烧开水，将切好的茄条加少许盐快速入水焯下即刻捞起。

4. 炒锅置火上烧热，倒入2汤匙油，用花椒炸香后将花椒捞出弃掉（如果是能吃辣的，可同时放几个干红辣椒炝锅）。

5. 改小火将姜蒜末与剁细的郫县豆瓣一起炒香至油色红亮，改大火将肉末下锅炒散。

6. 将焯好的茄条倒入锅中快速翻炒均匀，至茄条变软变红，烹少许水略煮片刻。中间尝下盐味，因为郫县豆瓣酱很咸，故需根据自己的口味判断是否还需要加盐。

7. 最后，倒入调好的糖醋酱汁大火勾芡，起锅时撒上葱花即可。

兰姨秘籍

① 一般烧茄子都十分耗油，这里将茄条在盐开水中快速焯下水，不仅烧出的茄子不黑，还可以使茄条在炒的时候不会太过吸油，锅中的水润度也正合适，所以无需用太多油就可将茄子炒软，健康又高效。

② 这里使用的是大圆茄子，肉多皮厚，必须削皮炒制才好吃。可以将皮尽量削厚些另做他用，去皮茄子要切成比较粗的条，才可以保持茄条完整的形状。如果用长条茄子烧制，则无需削皮，洗净后直接切滚刀块即可。

③ 将肉末改成浆好的肉丝，配以芹菜、笋丝、杏鲍菇、青椒之类炒，就是好吃的鱼香肉丝。

延伸菜品 2

干煸茄子皮

用茄子肉做了鱼香茄子，厚厚的茄子皮也不要浪费了，里面有丰富的花青素，丢掉了就太可惜了。另做一个干煸茄子皮，一茄两吃，实惠美味兼得。

原　料　1个圆茄子的厚皮，青椒2个，红椒1个

配　料　大蒜1瓣，盐、生抽、橄榄油各少许

步　骤

1. 圆茄子削皮，皮可削厚些，包括茄子把上的皮也剥下来（这个部位其实最好吃，但要小心上面的刺会扎手哦），茄子肉另做他用，如鱼香茄子或地三鲜。
2. 将茄子皮，青、红椒洗净切成粗丝，蒜切片。

3. 炒锅置火上烧热不放油，直接下茄子皮干煸，略软时撒少许盐继续煸。

4. 待茄子皮的水分渐渐少了，下青红椒丝继续煸炒，至青红椒丝略软，水分渐干时铲起。

5. 将锅洗净，置火上烧热，加 2 汤匙橄榄油将蒜片小火煸香，下煸好的茄子皮大火快速翻炒，淋少许生抽调味装盘即可。

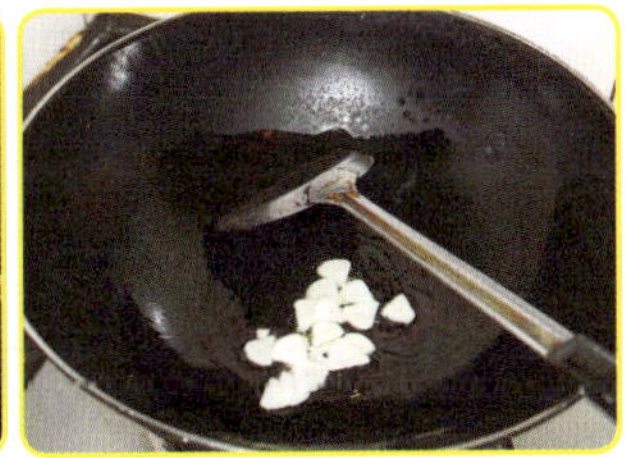

① 煸炒时加少许盐的目的，一方面是为了让茄子皮里的水分快速渍出，以保持茄子皮绵柔筋道的口感；另一方面也能使茄子皮更加入味。但切记盐要少，因为后面还要加生抽，要防止过咸。生抽已经很鲜了，可以不放味精。

② 茄子把剥的皮更有嚼劲哦！如果攒起来也可以做这道菜。

酿豆腐

酿豆腐又称广东客家酿豆腐，是客家人的传统菜式。虽然制作起来麻烦，在空闲的时候，还是喜欢买来豆腐掏掏挖挖忙一阵，除了当天吃，还要特意留几个出来做便当的主打菜——豆腐饱含了浓郁的汤汁，鲜美醇厚；而包裹于其中的肉圆，原汁原味得到了最好的保留。这对于缺少汤水的午餐便当而言，当然是极其难得的享受。

酿豆腐的做法

原　料　豆腐1000克，猪前腿肉400克，水发香菇4~5朵，鸡蛋1个

配　料　葱4根，生姜2片，油、盐、白胡椒粉、生抽、蚝油、鱼露、料酒、糖适量

步 骤

1. 猪前腿肉洗净绞成肉馅。

2. 将葱分成三部分：1 根切成段与 1 片生姜一起加少许盐捣成葱姜汁，加小半碗水调成葱姜水；2 根葱打结用；1 根葱切成葱花待用。

3. 香菇于头天晚上泡发好，去蒂，洗净，挤干水分，切成粒。

4. 将肉馅加香菇粒、葱姜水、盐、白胡椒粉、生抽、蚝油搅匀上劲，调入鸡蛋继续顺一个方向搅至上劲。

5. 将豆腐切成 4 厘米左右的方块，放到淡盐水中小火煮开 5 分钟，沥去热水，再放冷水将豆腐冲凉，其间动作要轻缓，尤其冲凉水时的水流不要过大过急，要注意避开豆腐块，以免碰坏。经过这个步骤，豆腐块会变得结实些，后面塞肉时就不容易破损了。

6. 取一块紧过水的豆腐放平，左手轻轻拢住豆腐四周，右手取一小勺将豆腐挖出一个小洞。这个步骤要细心加耐心地轻轻动作，豆腐很娇嫩的，不要碰坏了人家哈！挖洞也有门道，洞挖得不够深，馅塞不进去，浮在表面易散落；洞挖深了会漏底——一切都讲究个恰到好处。

7. 挖好了豆腐，用筷子轻轻将调好的肉馅塞到豆腐里，注意肉馅的量，太多会撑破豆腐，太少了吃着不过瘾。因为预先用盐水处理过了豆腐块，再加上动作轻柔，豆腐撑破的较少，等会儿用油将表皮煎结实就没有问题了。

8. 将平底不粘锅置中小火上，倒油烧至七成热，注意摇一下锅将油布满整个锅底，将酿好的豆腐逐个放入锅中煎成金黄色，再加适量油，翻煎另一面，然后再翻面，将每一面都煎至金黄——那几个撑破的也被成功锁住了破口，煎得很结实。

9. 因为难得做一次，所以每次都会多做一些，然后一起煎成半成品，前面煎好的就夹出来放好，再煎剩下的，直至全部煎完。

10. 全部煎好后，将所有的豆腐块放入锅中，烹入 1 汤匙料酒、1 汤匙生抽、1 汤匙蚝油、小半汤匙鱼露与少许白糖，加高汤大火烧开。

11. 另取砂锅将汤中的豆腐夹入摆放整齐，再将煎锅中的汤倒入砂锅，放入葱结、姜片，改小火慢慢焖至豆腐烧透入味。

12. 开盖大火收汁，至汤色醇厚，拣去葱结、姜片，撒上葱花即可起锅。

特点：咸鲜味，汤汁醇厚，鲜嫩滑润，口味鲜美。

兰姨秘籍

① 豆腐宜选用南豆腐，即所谓的嫩豆腐，经过淡盐水稍煮再过凉，就会比较结实易于操作了。

② 干发香菇是这道菜品的点睛之笔，必不可少。鲜香菇香味不够且水分较多，不建议使用。

③ 之所以在煎好之后改用砂锅焖制，是由于平底煎锅的水分蒸发过快，不适宜用来制作需要长时间焖制入味的菜品，且砂锅密封性能、保温功能强，最适合用来煲菜煲汤。

④ 若无高汤，可用清水替代烧制。鱼露有强烈的提鲜作用，强烈推荐在烩制豆腐类菜肴时使用；蚝油、生抽、鱼露都有咸味，注意把握好口味勿咸；豆腐类菜肴一般不用或少用糖，但酱油类调料经过高温加热后会有少许酸味，所以这里要加少许白糖增加回味的甘甜，用量比照平时烧菜味精的用量就可以了。

⑤ 若觉得使用嫩豆腐难度系数过高，可以用油炸过的豆腐果来酿肉。

⑥ 关于豆腐菜品的其他种类，如豆腐果塞肉、家常豆腐、素烧鹅等，都是值得推荐的便当品种，其优势在于易保存，耐储藏。可以在有时间的时候预先多制成些半成品，分成相应等份置冰箱中冷冻保存，吃的时候取出一份再加工烧制就很方便了。豆腐经过冷冻后会出现许多小孔，不但不影响食用，反而更易烧制入味，味道也更加鲜美，这是其他菜肴无法拥有的特性。这不，周末在家就做了许多豆腐果肉包冻在冰箱里，吃的时候再配各种新鲜蔬菜烧，十分方便快捷。（豆腐果塞肉和素烧鹅的做法，请查阅兰姨的《江南味道》中的相关章节，里面有详细的制作步骤。）

百变小丸子

双黄蛋狮子头

肉圆，除了娇萌玲珑的小丸子，还有超大呆萌的狮子头。兰姨的《温暖传家菜》和《江南味道》中都有关于制作各种风味狮子头的章节。但狮子头得以入选老妈的便当，还要得益于国庆长假各种调休引起的混乱。长期在家做专职煮妇，对各大节日前工作日与休息日的调换完全无概念，只是想当然地认为周六可以休息，就没再准备便当材料。直到上班的人告知明天继续上班，才发现经过一周的消耗，冰箱里除了为明天去看望一个住院的朋友而准备的几个海参狮子头及被遗忘的半棵包菜之外，已经空空如也，只等周末去补充存货了。

于是，果断将慰问病号的狮子头扣留一个，加少许梅干菜红烧入味，再将那硕果仅存的包菜切丝炒了做配菜。不想却成了国庆长假前一周的压轴大菜，相当惊艳！

就是这样，入厨时间长了，只要打开冰箱，翻翻存货，烹制出几样好吃的菜肴不过是件信手拈来的事情。而遇到好的食材，更会创作热情高涨，灵感迸发，必须让食材特征得到最完善的呈现才肯善罢甘休；而看到精心烹制的菜肴受到家人的喜爱，那真比自己吃要快活得多。

这不，闺蜜送来了乡下友人带来的鸭蛋，又大又新鲜，打开才知道是双黄蛋。看着晶莹剔透相亲相爱的两个蛋黄，实在不忍心调吧调吧就炒着吃了。到豆果美食达人圈里去请教，有达人说广东有道肉饼蒸咸蛋，是将肉饼蒸好后再将咸鸭蛋盖在上面蒸，嗯，有点意思！这新鲜鸭蛋无盐无味，该如何处理呢？豁然想到扬州的蟹黄狮子头！于是脑洞大开，这四不像的双黄蛋狮子头就应运而生了。制作美食完全不要拘泥于什么套路，随机应变，因地制宜，好吃才是硬道理。

双黄蛋狮子头的做法

原　料　猪前腿肉 200 克，双黄鸭蛋 1 个，煮熟的咸鸭蛋黄 2 个，水发小海参 2 只

配　料　黄瓜半根，水发木耳 3~4 朵，蘑菇 3 个，生姜 2 片，葱 2 根，盐、白胡椒粉适量

步　骤

1. 猪前腿肉洗净，切片后再切丝切粒，准备剁肉糜。
2. 鸭蛋洗净，轻轻敲一个小口，将鸭蛋清慢慢沥出来。这个鸭蛋太新鲜了，蛋清在蛋黄周围吸附得极其结实，用了很长时间才将蛋清析出，而且还析得不太干净，戳破了一个蛋黄，好可惜。
3. 将鸭蛋清倒在剁碎的肉粒上，蛋黄另置小碗内待用。

4. 将蛋清与适量盐、姜末、白胡椒粉和肉粒一起剁成肉糜，中途用汤匙加 2 匙水，剁至水被吸收，再加 2 匙水，再剁至水与肉糜完全融合均匀，肉糜细致即可。
5. 将剁好的肉糜装入稍大的容器，用手抓起肉糜反复摔打至肉糜完全上劲。

6. 干海参早就泡发好后冻在冰箱里了，取出 2 根来解冻，所以有点回缩。干脆一次多发一些冻在冰箱里，虽说会影响海参的口感，却胜在可以随吃随取，方便快捷。

7. 考虑到新鲜鸭蛋的入味问题，正好家里有煮熟的咸鸭蛋没有吃完，就奢侈下，舍弃了死咸的蛋白，只取两只油汁化的咸蛋黄备用。

8. 取一小砂锅，将洗净的葱段排放在底部。

9. 将摔打上劲的肉糜取三分之二团成大肉圆，置于砂锅中，用手捏成凹形，放入咸蛋黄、海参，再轻轻将双蛋黄倒入。

10. 将剩下的三分之一肉糜摔打结实后拍成肉饼，小心地与凹形连接合拢，最后将蛋黄全部包好封口。

11. 加凉水没过肉圆，放入蒸锅；盖上锅盖，凉水锅大火烧开，改小火蒸 2 个小时。

12. 这时可以处理配料：水发木耳洗净撕成小块，黄瓜洗净切薄片，口蘑洗净切片待用。

13. 2 小时后，将备好的木耳、蘑菇片放入汤中蒸 10 分钟，最后放入黄瓜片蒸 5 分钟即可。

特点：鲜嫩咸香，入口即化。

若用五花肉剁肉糜口感更佳，但为了健康考虑，还是选择了前腿肉，因为蒸的时间足够长，一样软烂鲜嫩；因为肉糜中加了蛋清，所以没有再另加生粉，只要摔打到位，完全不用担心肉糜松散的问题，团得十分结实。建议用有一定深度的碗来盛放狮子头，这样才有足够的空间将蛋黄等从容包裹入内，因为蛋黄蒸好后才会凝固，所以轻轻将肉圆合拢封口就可以了，千万不要用力挤压！蒸碗底部垫葱段，一方面是为了去腥，最主要的目的还是为了防止肉圆与碗底部粘连；同时，加入蒸碗的水一定要用凉水，这样蒸出的汤才清亮，肉圆表面才光洁。

延伸菜品 1

海参狮子头

一个相交多年的朋友又住院了，长期与病魔抗争的他消瘦憔悴，胃口也不佳。心疼之余，决定在他住院期间每天送病号饭，希望他能多吃几口，补充些营养和体力，早日恢复健康。这款海参狮子头就是其中的一道菜品。因为海参号称“精氨酸大富翁”，有着丰富的蛋白质和微量元素，能促进术后伤口愈合，帮助病人迅速恢复体力和精力，所以给病人食用海参是最最恰当不过的。而对于胃口不佳的病人而言，好的口感与味道也至关重要。就将泡发好的海参切成粗粒，与调好的肉馅一起搅拌上劲后，用微火慢慢炖了2个多小时，这道鲜嫩可口又易于消化的海参狮子头才算大功告成。送去那天，病人一口气吃掉了大半个，直夸好吃，让人倍感欣慰。

就是因为要准备病号饭，又要料理家中的日常家务，再加上国庆节前的各种调休，终于把正常的生活节奏全部打乱，没有便当可带的儿子却因此奢侈地享受了一把病号饭的待遇，那个精心炮制的入口即化的海参狮子头便当，真的是可遇而不可求哦。因为是清炖的，怕过于清淡不下饭，就抓了一小把梅干菜洗净沥干，用少许油炒香，加酱油、料酒、冰糖与水烧开调成干菜汁，放入炖好的狮子头大火炖制上色收汁，卖相十分完美。

原　料　五花肉500克，水发海参6只（这是4个狮子头的量），鸡蛋1个，梅干菜一小把

配　料　生姜2片，葱2根，盐、白胡椒粉适量，油、酱油、料酒、冰糖适量

步　骤

1. 将海参切成指甲盖大小的粗粒，与五花肉剁成的肉糜一起装入较大容器内，加盐、白胡椒粉、葱姜水，

用筷子沿一个方向由慢而快地搅拌至汁水全部吸收，最后打入鸡蛋继续搅至上劲。

2. 手心蘸水，取四分之一肉糜团成团，并反复摔打至肉糜完全团紧；将团好的大肉圆轻轻放入垫好葱段的大砂锅里；做完一个再做下一个，一共做了4个大狮子头。

3. 加凉水没过肉圆，大火烧开，撇去浮沫，改小火慢慢焖炖2个小时即可。

4. 炒锅置火上烧热，倒1小汤匙油用葱段炝香，放入洗净沥干的一小把梅干菜略为炒香，烹入2汤匙料酒、1小块冰糖炒匀，再烹入2汤匙酱油、1碗水大火烧开，放入狮子头继续焖15分钟至上色，大火收汁即可。

特点：汤汁醇厚鲜美，肥而不腻；肉圆鲜嫩肥美，海参软糯，入口即化，适合老人及病人食用。

① 制作小丸子，建议使用猪前腿肉，肥瘦度较为适宜；而大狮子头，则建议用五花肉制作，且尽量用刀剁成碎肉糜，制作出的狮子头才够肥美鲜嫩；尽量买鲜肉来制作绞肉，而不要买现成的肉馅，这样才可以保证原料的卫生与安全。一般菜场或大型的超市都有为客人代加工铰肉馅的，自己选取中意的肉，看着老板洗干净再加工才放心。

② 无论是绞的肉馅还是剁的肉糜，都需顺着一个方向搅打上劲。只要筋道够了，完全可以只加鸡蛋而不用加生粉，做出的丸子都不会散开。想吃香酥的就油炸，想吃清淡些，就氽丸子，或蒸肉饼汤，无一不富有弹性又鲜嫩滑爽，称其为“百变小丸子”一点也不为过。

③ 油炸好的肉圆便于存放，保质期长，可以利用周末一次多炸些制成半成品。吃时再加工成熟，就是一个便当的主打菜了。

④ 本章介绍的梅干菜海参狮子头纯粹是应急而为，更是为了说明一个理念，即烹饪无定式，要因时因地因材灵活运用。毕竟家庭制作，就尽量以现有的材料与工具为第一要素。因陋就简，因地制宜，十分考量主厨的应变能力，一个能够在厨房里从容不迫的人，在职场的综合素质也差不到哪里去。同样是清炖狮子头，双黄蛋狮子头因为量少，且包有液态的蛋黄，故采用了蒸的方式；而海参狮子头，因为量大，则直接用砂锅炖制而成。而真正要做红烧狮子头便当，还是建议先油炸再烧制，这样既利于烧制入味且更耐存贮。当然，要进行再烧制的狮子头，就不用炸得过透，只把表层炸成型即可。

⑤ 关于海参的泡发，虽然兰姨的书《温暖传家菜》中已有介绍，但为了方便大家，还是在这里再赘述一遍吧：将海参放入清洁无油的干净锅内，加凉水大火煮开，再改小火煮40分钟，关火焖至水凉后，将海参开肚去除肠子后冲洗干净，再放入干净凉水中浸泡24小时以上即可。发好的海参请密封放入干净无油的容器内，泡上凉水置冰箱冷藏保存，随吃随用，注意每天换水，一般一次发好后，最好能在一周之内吃完。若一周内无法吃完，可独立单个冷冻后再集中装袋贮存，但冷冻后的泡发海参会回缩，口感与鲜嫩度都会受到影响。

烤猪蹄

最早注意到烤猪蹄是因为湖南路上的那家店，不论何时路过都是排着长长的队。作为资深吃货，自然也想见识一下这究竟是怎样的美味，但那始终如一排着的长龙，以及队伍里那清一色的年轻面孔，都让俺这位阿姨有些自惭形秽、欲排还羞！过不多久，就看到大街小巷冒出了各种烤蹄店，且无一例外地都排着若干人！然后，家住的小区对面也开了一家，生意亦十分火爆。终于趁着某雨天人少时去买了两块来尝尝：嘿嘿，现在的人是有多不挑嘴！那猪蹄腌制得虽还算入味，却欠些火候，筋筋绊绊地拽了半天也啃不动。或许因为排队的人多，烤制的时间亦明显不够，完全没有想象中猪皮的Q弹香糯。而最后加味的调料，芝麻不香，辣椒不辣，尤其那个据说是炒米的硬粒竟已回潮，全无半点焦香酥脆，终于成为整个烤蹄的败笔，硌在牙缝里让人十分恼火！为此烤蹄排半天队貌似有些不值。于是忍不住技痒，自己在家做了起来：用老卤先将猪蹄卤制入味，再撒上孜然辣椒一阵烤。还真不是自夸，轻轻松松就甩出他们几条街，十几块烤好的猪蹄，不过一会儿工夫就被全部啃光，受好评程度着实让人吃惊。至于后来成为便当常有的解馋硬菜，倒还真的有点始料未及。

烤猪蹄的做法

原　料　猪蹄3只

配　料　1.腌制猪蹄调料：盐、酱油、桂皮、香叶、草果、八角、花椒、姜、葱、冰糖、白酒、料酒各适量，卤肉老卤1大碗

2.烧烤调料：辣椒粉、孜然粉、花椒粉、五香粉、白芝麻粒、盐适量

步　骤

1.买好猪蹄，请店家帮忙剁成小块，不要过小，一只猪蹄对半剖开再对半砍成4块就可以了。回家用温水洗净，初步将明显的毛桩处理干净，放入凉水锅中，加葱结、花椒、拍散的姜块与2汤匙白酒大火烧开，沸滚5分钟至血水全部析出。

2.捞出猪蹄，用温水将吸附在表面的浮沫等全部冲洗干净，趁热将残留的毛桩全部剔除干净，夹缝中的藏垢处尤其要注意，如果不易处理，趁热用刀很容易切除掉。总之，家里自己制作，讲究的就是干净卫生，这个环节要耐心些。

3.另起一锅，将处理好的猪蹄加1汤匙白酒、2汤匙料酒及备好的八角、桂皮、盐、酱油、冰糖和老卤一起浸泡腌制1个小时，续加些凉水使猪蹄能全部浸泡在汤汁中。大火烧开后小火焖一个半小时关火，不开盖，让猪蹄随锅冷却，并继续在酱汤中浸泡一夜后捞出，沥干待用。猪蹄含有丰富的胶质，凉了之后卤汁会凝固板结，稍微加热下至汤汁溶化再将猪蹄捞出，可以使猪蹄表面清爽洁净，烤出的猪蹄才色泽均匀。

4.烤盘上垫层锡纸准备接烤出的油汁，将卤好的猪蹄排放整齐，均匀地撒上孜然粉、辣椒粉、花椒粉、五香粉、少许盐及芝麻；放入烤箱中层的烤架上（烤盘放底层接油汁）上下火190度20分钟即可。吃时再撒些辣椒粉、孜然粉、芝麻粒提香。

我始终认为烧烤类小吃还是孜然、辣椒、花椒什么的最对胃口，而且要用双手牢牢地抓住猪蹄啃才过瘾！装几块入便当盒，配点时蔬素菜，又是一个拉仇恨的午餐便当。

兰姨秘籍

① 制作猪蹄的重点是要先去除猪蹄本身的异味，即所谓的猪蹄味，需要用冷水锅先焯水，焯好洗净后再进行下一步加工。

② 卤好的猪蹄蹄筋、猪皮都很Q很弹，要保持完好的形状，火候很重要。焖炖一个半小时，再随锅冷却。汤汁本身还有热度的，会将猪蹄进一步软化，待凉后胶质会回硬些，卤好的猪蹄就很糯很Q了。

③ 卤制好的猪蹄不要急于捞出，随锅冷却后再浸泡一夜就全部入味了（其实卤好的猪蹄直接吃味道也很赞的）。后面的烤制只需增加表皮的焦香即可，属于锦上添花的环节，不要指望短暂的烤制可以将生硬的猪蹄催熟入味。

④ 卤过猪蹄的卤汁不要扔掉，过滤掉杂质再烧开，晾凉后装到密封的容器里放到冰箱里冷冻起来，就是可以反复使用的功效强劲的老卤了，下次再卤时只需放少许香料和盐味，卤出的肉就香喷喷的了。

红酒迷迭香烤猪排

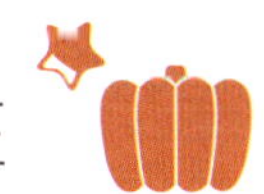

排骨，无疑是制作便当最合适的食材之一，超级解馋，脂肪含量却相对较低，重点是制作也简单快捷，又方便携带，容易保存。所以在兰姨的便当中，诸如粉蒸排骨、红烧排骨、糖醋排骨、排骨焖饭等等，各种版本的排骨菜层出不穷，简直成了与各种菜式都能搭配的百搭神器。在煎炒焖炖多种方法都尝试过之后，烤排骨便自然而然地加入我丰盛的便当家族之中。最早开始尝试的，便是这款红酒迷迭香烤猪排。

在我浅薄的文艺情结里，总是固执地认为红酒、迷迭香与魅惑的桑巴女郎之间有着某种必然的联系！红酒迷迭香烤猪排正是巴西世界杯期间的应景之作。非常洋气非常巴西有没有？哈哈，这只不过是我这个煮饭老妈，为了呼应家中那两个球迷的热情，用自己擅长的方式凑的一个热闹而已。

红酒迷迭香烤猪排的做法

原　料　猪肋排6根，土豆1个，杏鲍菇2个

配　料　干燥迷迭香2小勺，黑胡椒碎2小勺，干燥罗勒末1小勺，红酒2汤匙，蜂蜜2汤匙，盐适量，老抽1汤匙，生抽1汤匙，蚝油2汤匙，柠檬半个

步　骤

1. 猪肋排斩寸段（可请店家帮忙代劳），洗净沥干，装入可密封的保鲜盒内，先用红酒拌匀（确保每根排骨上都均匀地涂抹上红酒效果最佳），再加少许盐码味，再将除柠檬之外的所有辅料调和成酱汁后浇入排骨碗中拌匀，盖好盒盖，置冰箱冷藏腌制一夜，使肋排充分入味。

2. 开启烤箱180度预热；同时将烤盘铺垫一层锡箔纸（便于事后烤盘的清洗）；再顺着垂直方向也铺垫展开一层锡箔纸，锡箔纸要适当长于烤盘外沿，暂时不要剪断。

3. 将土豆洗净刨皮切成厚片，杏鲍菇洗净也切成厚片，铺垫在烤盘的底部，再将腌制好的肋排整齐地排放在土豆杏鲍菇片上，用毛刷蘸腌肉的酱汁将排骨再均匀地涂抹一遍。

4. 将长出烤盘外沿的锡箔纸折回，包裹住要烤制的食材，再将锡箔纸卷从上方折回包裹严实。

5. 放入预热好的烤箱中层，上下火烤30分钟。

6. 打开包裹的锡箔纸，再均匀地刷一遍酱汁，半个柠檬先切好一片最后摆盘用，再将剩下的柠檬汁均匀地挤在排骨上，也用毛刷刷均匀（请注意烤箱正处于高温状态，谨防烫伤！）后，再继续烤20分钟（各种型号的烤箱温度脾气都不相同，要注意观察所烤食物的颜色状态，再根据自己的偏好决定排骨表面的焦黄程度，随时调整烘烤时间）即可。烤好的土豆片、杏鲍菇将排骨烤出来的油脂都吸收了，也十分好吃。

7. 一整根长长的肋排不斩断直接烤，晚上看球喝啤酒啃起来貌似更过瘾些。

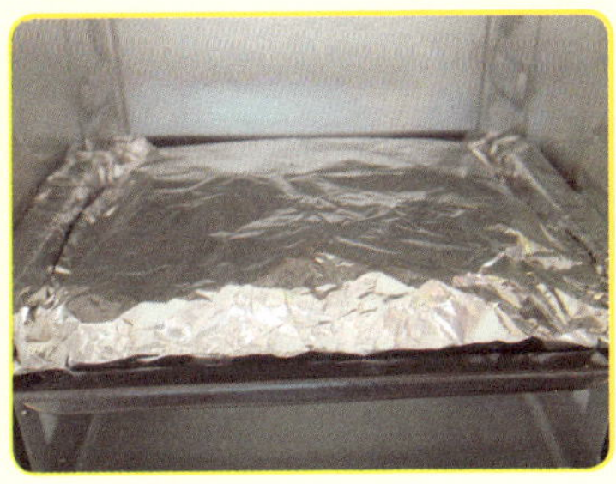

① 烧烤肉类食品，腌制入味是关键。将洗净的食材用酒先码一遍，再加少许盐码味，是强化食材基础底味的有效手法，可以推而广之。西餐中广泛使用的红酒，不仅使菜品的味觉层次丰富多变，其中富含的维生素还可以有效分解烧烤类菜品的有害物质，值得提倡。

② 烧烤肉类一定要配新鲜的果蔬，补充大量的维 C 才不至于损害健康，所以柠檬汁也是烧烤的最佳拍档，挤些柠檬汁于烤好的排骨上，不仅能分解掉烧烤的有害成分，还解腻爽口，摆盘效果也好。

③ 烧烤类食物还是趁热吃最好，而烤排骨便当要留到中午再吃，凉了怎么办？放入微波炉高火打 40 秒即可，切不可加热过长时间，否则将水分全部蒸发掉就没法再吃了。

蜜汁烤肉

其实，就烤肉而言，还是这种蜜汁烤肉比较符合我对烤肉的所有想象：咸甜适中，外焦里嫩，所谓脍炙人口当如是，做法也很简单。

蜜汁烤肉的做法

原　料　猪前腿肉 500 克

配　料　白酒少许，盐少许，料酒 3 汤匙，生抽 3 汤匙，蚝油 2 汤匙，白糖 1 汤匙，蜂蜜 3 汤匙，黑胡椒碎适量

步骤

1. 将猪前腿肉洗净，剔下整块的瘦肉，按肉的纹路改刀成几个整齐适宜的大块。用厨房纸巾将表面的水渍吸干，滴少许白酒用手将肉揉匀，再抹少许盐在肉上也用同样的手法揉搓均匀。

2. 将料酒、生抽、蚝油、白糖和蜂蜜和在一起调成酱汁，浇在码好味的肉块上，与适量现研的黑胡椒碎一起拌匀，装入密封盒内盖好置冰箱腌制一夜后取出。

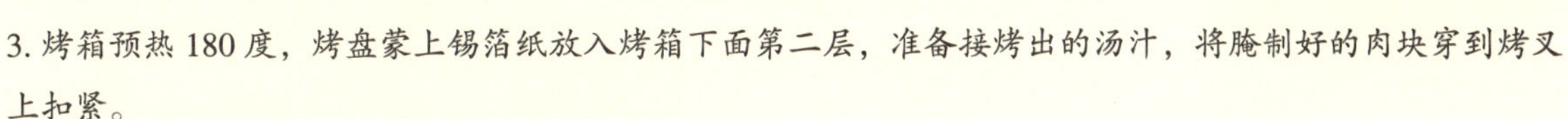

3. 烤箱预热 180 度，烤盘蒙上锡箔纸放入烤箱下面第二层，准备接烤出的汤汁，将腌制好的肉块穿到烤叉上扣紧。

4. 将肉叉入烤箱安装好，旋钮调至烤叉旋转程序，180 度烤 20 分钟。

5. 烤箱工作的同时，将腌肉的酱料倒入小锅中用小火烧开，煮 5 分钟以上烧熟熬透成浓稠的酱汁，倒一部分至小碗中待用。

6. 20 分钟后，打开烤箱门，将小锅中剩余的酱料用毛刷刷到旋转的肉块上，继续烤 20 分钟；20 分钟后再刷一次继续烤 10 分钟。

7. 取下肉块稍微冷却后，切片装盘，浇适量留在小碗中煮过的酱料于烤肉上，使烤肉更加油润亮泽。

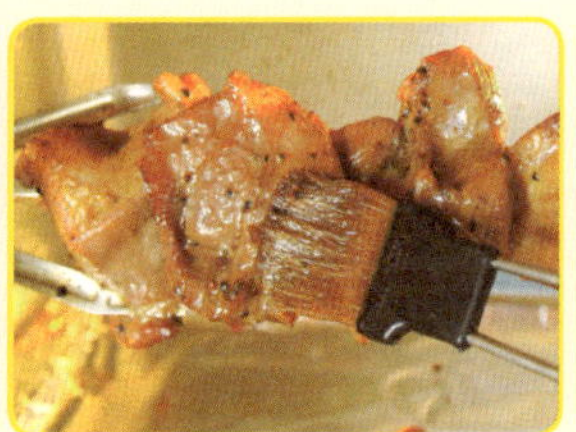

① 许多菜谱都是用里脊肉或后腿肉来制作烤肉，个人并不推荐！这两种肉都过于精瘦，烤出来会过柴过老，而前腿肉脂肪含量相对多些，烤出的肉才香嫩多汁，美味十足。

② 腌制之前用少许白酒和盐给肉做个深度按摩，是使大块烤肉醇香入味的独家秘诀，可以有效地缩短腌制时间，达到事半功倍的效果。

③ 腌过肉的酱料已经将各种调料的味道完全融合，是制作烤肉汁的最佳原料。倒入小锅中用小火煮沸 5 分钟以上，使其彻底烧熟熬透，最后收成浓郁的酱汁，就可以作为烤肉的浇汁直接使用了。熬制好的酱料务必要分成两部分：用于烤制中上色的酱料，与浇在成品上直接食用的酱料切记不可混合使用，以免造成生熟食物的交叉污染。

延伸菜品 1

煎肉排

将猪前腿瘦肉片成厚片，用同样的方法和酱汁腌制起来，再如牛排一般直接煎，就是好吃的煎肉排。虽说无法与高格调的牛排相提并论，却胜在对温度的要求不高——绝对不会有谁肯将昂贵的牛排制成便当，留到中午用微波炉热了吃。猪肉排就不存在这个问题，微波炉热过之后照样Q弹香嫩，而且因为其制作起来方便快捷，早就成了兰姨早晨时间来不及时的快手菜，且一直受到好评及肯定。

原　料　同蜜汁烤肉

步　骤

1. 将前腿瘦肉按肉的纹路整块剔下，再按垂直方向横切成约1厘米厚的大肉排，洗净后用纸巾拭去表面水渍，滴少许白酒用手将肉揉匀，再抹少许盐在肉上也用同样的手法揉搓均匀。
2. 将料酒、生抽、蚝油、白糖和蜂蜜和在一起调成酱汁，浇在码好味的肉排上，与适量现研的黑胡椒碎一起拌匀，腌制15分钟左右。
3. 平底煎锅置火上烧热，倒少许油摇匀，将肉排放入锅中，两面煎熟，起锅时研少许黑胡椒碎即可。

特点：简单快捷，咸甜适中，香嫩可口。

延伸菜品 ②

炸猪排

金黄酥脆的炸猪排，也是无肉不欢一族喜爱的解馋利器，超有满足感。南方的猪大排都是片成片来卖的，适宜煎、炸、红烧等。为了适应早起制作便当的高效率要求，常常一买就是十块，一片一片用擀面杖将肉敲松敲扁之后，再码味裹粉制成半成品，每块独立冻好后，集中密封冻在冰箱里保存。要吃的头天晚上取出一块，置冰箱冷藏层自然解冻，第二天早上再煎或炸，配个时令蔬菜，一份快手便当就大功告成。

原　料　猪大排1块

配　料　盐、黑胡椒碎、鸡蛋、生粉、面包渣

步　骤

1. 猪大排洗净，用厨房纸巾吸干水渍，用木槌轻轻敲松敲扁，没有木槌就用短擀面杖替代，一直敲到肉质松散为止。
2. 肉两面撒少量盐略微抹匀，再研适量黑胡椒碎略为腌制片刻。
3. 因为家中没有面包糠了，就将前几天烤的吐司切下周边烤焦的部分，放烤箱中又烤了10分钟，至面包渣彻底酥脆后，晾凉，用擀面杖碾碎；鸡蛋打散调成蛋液待用。
4. 按顺序将腌好的大排用生粉、蛋液、面包糠裹匀；若想制成半成品入冰箱冷冻保存，即可将裹好面包糠的大排分别用保鲜膜包好放入冷冻层速冻。待冻结实后，放入密封袋中集中存放即可。
5. 炸锅置大火上烧热，倒入能将大排完全浸没的油量，烧至五成热下大排炸至表面微黄定型后捞出。底油留锅内继续加热。

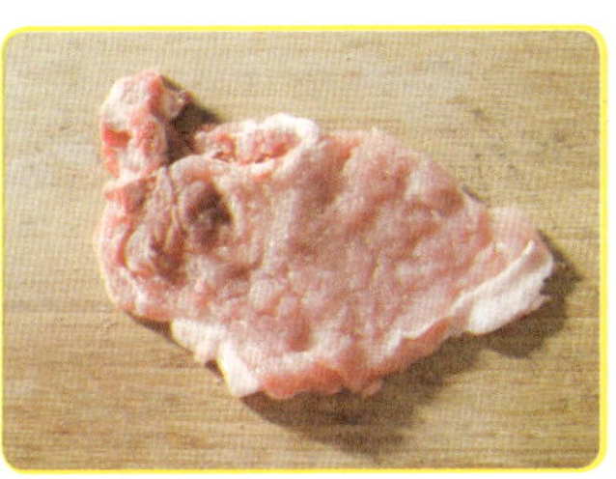

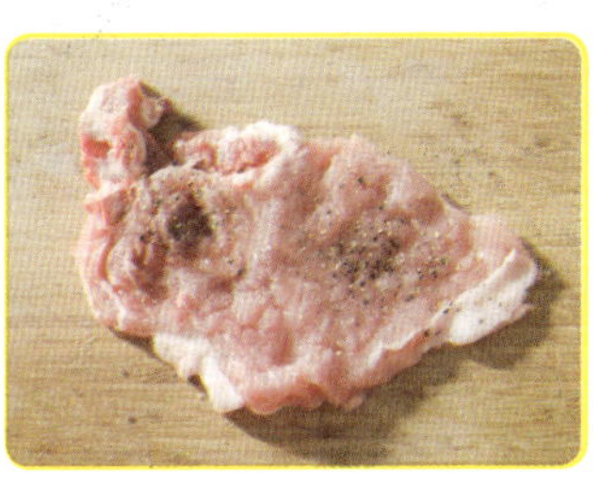

6. 待油温再次升高至八成热时，将捞起的大排再次入锅复炸至表面金黄酥脆时快速捞起。关火，用纸巾吸去多余的油脂即可。

7. 稍凉后切块装盒，淋上番茄酱或柠檬汁味道更佳。

延伸菜品 3

脆皮炸鸡

来自星星的又高又帅又温柔的都教授，在闪亮登场的一瞬间就引来了无数尖叫，俘获了万千女性的芳心。爱屋及乌，教授携裹而来的炸鸡和啤酒，也于不知不觉间默默地攻占了地球，一时间成为最浪漫的词语。

炸鸡初次走进韩国人的生活，是在上个世纪 80 年代中期，KFC 入驻首尔，这倒略早于 KFC 入驻中国的 1987 年。和在中国不遗余力地开发迎合各地口味的产品一样，韩国的炸鸡也入乡随俗地会配有辣酱、辣椒粉、酱油、蒜等配料。而以微辣的韩式腌制炸鸡及蘸酱油食用的大小炸鸡店更是遍布韩国的大街小巷，是很多韩国人下班后与朋友聚会时爱吃的休闲食品。对于习惯于清淡饮食的韩国人而言，平素的食物基本上是烤、煮或者是炖，偶尔接触下油腻的油炸食品，倒也不失为一种难得的解馋与放松的调剂方式。

个人以为，对于将煎炒烹炸作为日常饮食的我国人民，区区一份炸鸡无论如何都难以引起太多共鸣。倒是一盘油亮亮红艳艳的重庆辣子鸡摆在面前，两双筷子在盘子里亲热地碰来碰去，两个人鼻尖冒着汗，在辣椒堆里找鸡貌似更富有情趣。其实，吃什么不是问题，和谁在一起才是重点。那份炸鸡，因为有初雪时分与爸爸在一起的回忆，还有与从星星上来的那个人的刻骨铭心，所以才会永远萦绕在千颂伊的心头挥之不去。你我凡人，还是来份“炸鸡和啤酒”更切实际些。

原　料　鸡全腿3只，油500克

配　料　盐、白酒、黑胡椒碎、鸡蛋、生粉、面包糠适量

步　骤

1. 鸡腿洗净剔去骨头，用刀背将肉略为敲松后装入盘中，先加少许白酒与适量盐拌匀码味，再研适量黑胡椒碎撒匀在鸡腿肉两面，腌制半个小时以上；鸡蛋调散待用。
2. 按顺序依次将腌好的鸡腿肉用生粉、蛋液、面包糠裹匀。
3. 炸锅置大火上烧热，倒入能将鸡块完全浸没的油量，烧至五成热下鸡块炸至表面微黄定型后捞出。底油留锅内继续加热。
4. 待油温再次升高至八成热时，将捞起的鸡块再次入锅复炸至表面金黄酥脆时快速捞起，用厨房纸巾吸去多余的油脂。
5. 稍凉后切块装盘，淋上番茄酱或甜辣酱即可。

特点：酥脆多汁，香气四溢，配上啤酒，就当自己是千颂伊好了。

香辣烤羊排

立冬了，羊肉走起！鲜嫩肥美的内蒙古羊排，撒点辣椒面孜然粉什么的，烤得滋滋冒油，吃起来才过瘾！特地留下一块装入盒中，这样的午餐便当必须要打五颗星。

香辣烤羊排的做法

原　料　法式切割羊排 800 克

配　料　白酒、盐、生抽、蚝油、蜂蜜、辣椒面、孜然粉、迷迭香、罗勒、花椒面、黑胡椒碎、芝麻各适量

步骤

1. 法式切割羊排，没有大骨头，只有一根根的长骨头。洗净后用刀在内侧沿每根骨头划开，不要切断，外侧看仍是一个整块。先用少量白酒均匀地抹一遍，再用一点点盐码一遍，这样做是为了加速羊排入味，减少腌制时间。

2. 用 3 汤匙生抽、1 汤匙蚝油、1 汤匙蜂蜜、适量辣椒面、孜然、迷迭香、罗勒、花椒面及黑胡椒碎、芝麻调成酱料。

3. 将抹过白酒和盐的羊排用酱料均匀地涂抹一遍，用汤匙将酱料舀出来抹，不要用刷子蘸着刷，这样做才不污染酱料。

4. 将抹好酱料的羊排用保鲜膜裹严实，装入塑料袋中密封好入冰箱冷藏腌制一晚以上，未用完的酱料也密封好入冰箱保存。

5. 取出腌好的羊排，用锡纸包好。

6. 烤箱预热到 180 度，将包好的羊排装入烤盘，放入烤箱中层，上下火烤 40 分钟。

7. 打开锡纸，再分别在两面刷上酱料各烤 15 分钟（就是先刷一面烤，再翻面刷再烤）。

8. 烤好了，用小刀将连接部分割断，再刷层酱料装盘即可。配点西蓝花、香橙、柠檬什么的新鲜蔬果解油腻就圆满了。

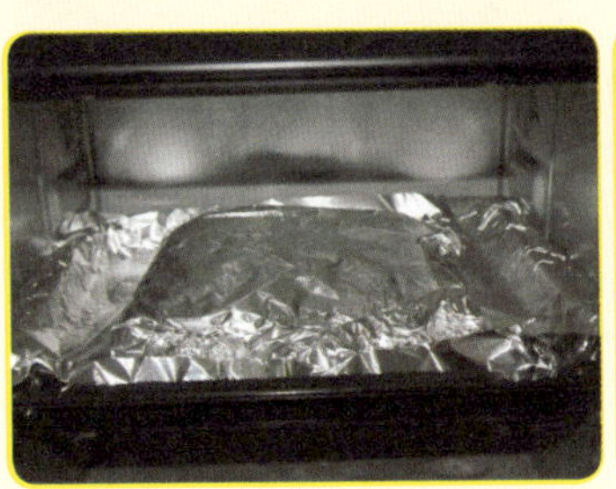  

兰姨秘籍

①生烤的羊排，要先用锡纸包好烤 40 分钟才能保证羊肉熟透又不被烤焦；等羊肉熟了再打开锡纸烤 10 多分钟，就能使羊排的表面焦香。

因为是冬天，饭菜保质期相对延长，就手将晚饭要吃的培根荷兰豆与四季豆预留一份，再加一块香辣羊排，一起装入便当盒密封好入冰箱保存，第二天早晨就不用再忙便当了，想着就轻松。

③头天晚上做好的便当，密封入冰箱保存后，只要中途不开盖，一直到第二天中午吃的时候再打开加热，是肯定不会变质的。尤其是冬天，天亮得迟，早起会很困难，于头天晚上做晚饭时提前装好便当盒，再密封起来冷藏，不失为一种权宜之计。此时的便当材料则请尽量选用易于保存的食材，如豆类、薯类、茄类等，青菜等绿叶蔬菜则尽量避免。

延伸菜品

黑椒烤牛排

这个牛排，可是真正的牛排——牛肋排！肉又厚，骨又大，对食肉一族而言一定超级过瘾！而只有烤的牛排才便于携带，黑椒烤牛排无疑是便当中的战斗机一类，奢华程度五颗星。

原　料　牛肋排 3 根

配　料　盐、白酒少许，蚝油、罗勒碎、黑胡椒碎、牛排酱各适量，洋葱半个

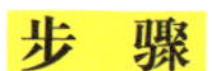

1. 牛肋排锯成 3 段，洗净，用厨房纸巾拭干水渍，抹少许白酒、盐码下味，加适量牛排酱、蚝油、罗勒碎、黑胡椒碎、洋葱块揉匀，覆上保鲜膜入冰箱一夜入味。
2. 打开烤箱预热至 180 度，同时，取出腌好的牛排，在平底锅里两面略煎下，以锁住内部的水分不流失。
3. 将煎过的牛排包入锡箔纸中，放入垫好锡箔的烤盘，放入预热好的烤箱中层烤 1 个小时。

4. 打开锡箔，再刷层酱汁。温度调至200度，将肉厚的一面朝上再烤15分钟取出。

5. 分割、切块，再撒点黑胡椒碎即可。

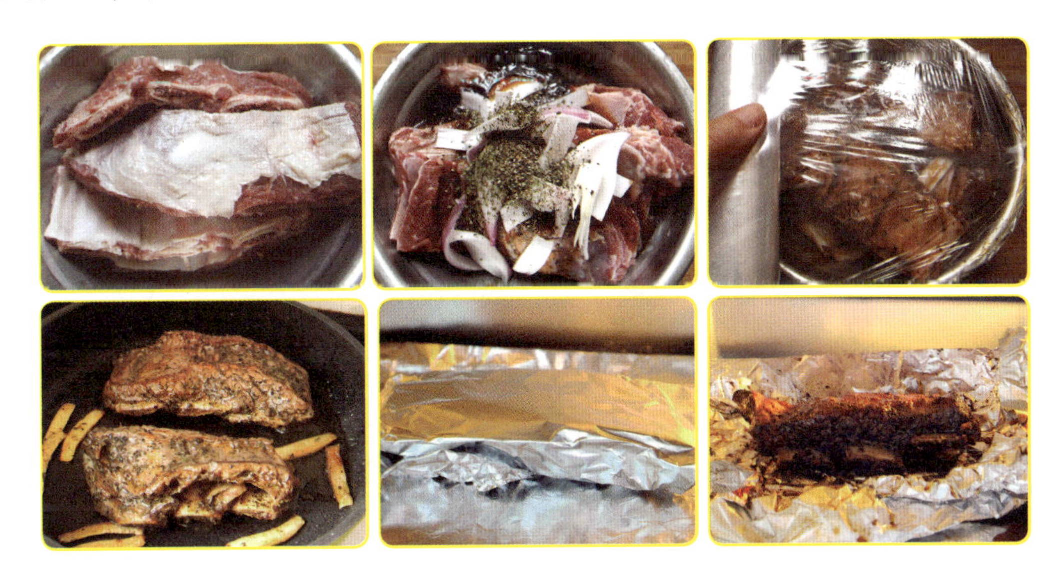

① 这类现成的牛排酱在超市中有售，但量较少，所以要适当添加些上面步骤中的调味料作为补充，才够这一大块肋排所用的量，当然，也使味道层次更加丰富。

② 牛肋排的肉实在很厚实，完全无自信能将它煎得鲜嫩完美，而且老人家从心理上还是无法接受半生不熟的牛肉，所以还是包着锡箔烤比较保险。为了防止内部水分过分流失，烤制之前要先将牛肋排两面略煎下，烤出来的牛肉就会很嫩了。

③ 烤制时使用的烤盘最好铺垫一层锡箔纸，可以防止烤出的酱汁糊在烤盘上难以清洗，能有效地延长烤盘的使用寿命。

黑胡椒凤梨鸡肉卷

最早接触到烤菠萝还是N年前吃巴西烧烤时，从此便留下了深刻的印象。正值菠萝大量上市的季节，除了吃菠萝饭，熬菠萝酱，当然还要烤菠萝。比起菠萝，味道相近的台湾凤梨完全不用盐水浸泡就可以直接食用，用于制作料理更为方便。尽管觉得用凤梨来烤肉有点太过奢侈，但好食材一定要用心料理才不辜负上天的恩赐。果然，用凤梨烤的鸡肉水嫩多汁，酸甜适口，算是没有暴殄天物。

黑胡椒凤梨鸡肉卷的做法

原　料　鸡大腿2个，凤梨1/4个，牛肉火腿1块，杏鲍菇1根

配　料　白酒、盐适量，蚝油1汤匙，酱油1汤匙，料酒2汤匙，黑胡椒碎适量，辣椒粉1汤匙，蜂蜜1汤匙，姜1块，欧芹少许，罗勒少许，柠檬半个

步 骤

1. 冰鲜鸡大腿洗净，用厨房纸巾擦干水渍；将蚝油、料酒等调味料混合成酱料汁待用。

2. 用刀仔细地剔去两个鸡腿的骨头。

3. 用少许白酒将鸡肉码匀，再加少许盐用手轻轻揉捏鸡肉，如按摩般使盐味渗入鸡肉，再将混合好的酱料汁倒入碗中与鸡肉拌匀（因为有辣椒等辛辣调料，请戴好一次性塑料手套进行此操作），放入冰箱腌制 4 小时以上。

4. 凤梨去芯切条，杏鲍菇、牛肉火腿分别切成粗条备用。

5. 将腌制好的鸡腿肉平摊展开在锡箔纸上，挤出柠檬汁均匀地涂抹在鸡腿肉上。

6. 将凤梨条、杏鲍菇条、牛肉火腿条码放整齐后，卷入鸡腿肉中，用牙签做最后的固定。

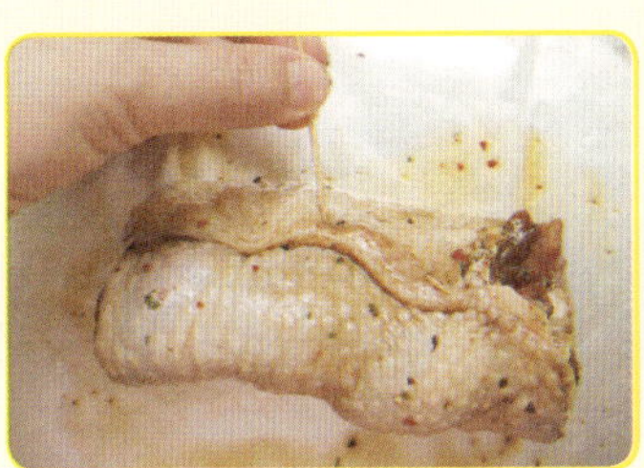

7. 用锡箔纸像卷糖果一样将鸡肉卷拧紧，卷好一个，再卷另一个。

8. 开启烤箱，上下热风循环预热至 180 度，同时将烤盘铺垫一层锡箔纸置烤箱下层接油汁；烤架置烤箱中层，将卷好的鸡肉卷放于烤架上烘烤 20 分钟。

9. 打开锡箔纸，用毛刷蘸剩余的酱汁将鸡肉卷均匀地涂抹一遍，没有用完的牛肉条及杏鲍菇条也一同放入烤架上，继续烘烤 15 分钟，注意观察鸡肉表面的焦黄状态，烤到自己喜欢的程度即可。

10. 稍凉下，去除牙签后切成厚卷，与凤梨片一起摆盘。烤好的牛肉火腿条、杏鲍菇条与凤梨条分别码放整齐，香香辣辣，酸酸甜甜，热带风味十足！

兰姨秘籍

相较于猪肉，鸡肉更易熟，也更易入味，蚝油等调味料都属于咸味调料，务必要充分预计到盐味的轻重，切勿过咸了。

延伸菜品

柠香鸡肉卷

如果嫌卷火腿、凤梨等馅料麻烦，鸡肉卷不紧，就来个柠香鸡肉卷，要简单得多。

原　料　鸡大腿2个，柠檬1个

配　料　盐适量，蚝油1汤匙，酱油1汤匙，料酒2汤匙，黑胡椒碎适量，辣椒粉1汤匙，蜂蜜1汤匙，姜1块，欧芹少许，罗勒少许

步　骤

1. 将蚝油、料酒等调味料混合成酱料汁待用。
2. 鸡大腿洗净剔骨，用厨房纸巾擦干水渍，抹少许白酒和盐码味后，倒入混合好的酱料汁拌匀，密封放入冰箱腌制4小时以上。
3. 用熟食专用刀具将柠檬对半切开，留半个用保鲜膜包好暂入冰箱保存；将腌制好的鸡腿肉平摊展开在锡箔纸上，将另外半个柠檬挤出柠檬汁均匀地涂抹在鸡腿肉上。
4. 将鸡腿肉慢慢卷紧，用牙签做最后的固定之后，用锡箔纸像卷糖果一样将鸡肉卷拧紧。
5. 开启烤箱，上下热风循环预热至180度，将铺好锡箔纸的烤盘置烤箱下层接油汁；烤架置烤箱中层，将卷好的鸡肉卷放于烤架上烘烤20分钟。
6. 打开锡箔纸，用毛刷蘸剩余的酱汁将鸡肉卷均匀地涂抹一遍，继续烘烤15分钟，注意观察鸡肉表面的焦黄状态，烤到自己喜欢的程度即可。
7. 稍凉下，去除牙签后将鸡肉卷切成厚片，将剩下的半个柠檬取出切片，一片鸡肉一片柠檬依次摆放装入便当盒。配个手撕豇豆，一份洋气十足的柠香鸡肉卷便当就做好了。

香辣烤鸡

圣诞节到了，绝对有理由好好吃一顿！虽说火鸡是绝对不能少的主菜，但真的不适合中国的小家庭：一只鸡总价折合人民币大几百不说，关键是一只火鸡太太太大！一般的国人家中很难有那么大的烤箱来烤它；就算有，太大的后果也是一顿吃不完！与其如此，不如烤只三黄鸡，吃鸡之余，还能有肚子品尝到更多更丰富的菜品。这就烤起！

香辣烤鸡的做法

原　料　三黄鸡 1 只（约 1000 克）

酱　料　白酒、盐、黑胡椒碎、欧芹碎适量，辣椒粉、花椒粉、蚝油、生抽、老抽、料酒各 1 汤匙，蜂蜜 2 汤匙，柠檬 1 个，葱 2 根，姜 1 块

步　骤

1. 三黄鸡1只宰杀洗净，去掉鸡脖子、鸡脚和鸡屁股，鸡肫、鸡肝、鸡心取出另用，鸡肚子里全部清空洗净，用厨房纸巾擦干水渍。

2. 用肉叉在鸡肉表面使劲戳，孔戳得越多越密越均匀越好！戳好了，先用少许白酒抹匀鸡的整个表面，包括腹腔内也要抹到，再用少许盐边抹边按摩一会儿，再将柠檬切开将柠檬汁挤到上面涂抹均匀。

3. 将挤过的柠檬切碎，与烤鸡酱料部分的所有原料一起调成酱汁，将刚才处理过的三黄鸡涂抹一遍，包括腹腔内也一样要抹到。然后装入塑料保鲜袋中扎紧，入冰箱冷藏腌制12小时以上。

4. 打开烤箱220度预热，将腌制好的三黄鸡取出，将拍散的姜块与葱结塞进鸡肚子后，用牙签将口封住。

5. 用烤叉将鸡穿好固定牢，并在鸡翅尖和鸡腿关节处裹上锡纸（以免烤制时水分流失发干烤糊），烤盘上用锡纸蒙住。

6. 待烤箱内温度升至220度，放入烤叉，烤盘放底层接油。

7. 开启烤箱热风转炉功能烘烤90分钟左右，每隔15 ~ 20分钟打开烤箱用刷子刷一遍酱料，继续烘烤。直至用肉叉在鸡腿处扎一下，如果流出来的是清澈的汤汁便熟了，如果是血水，就是没熟，再继续烤至熟透即可。

特点：鲜嫩多汁，香气浓郁。

① 三黄鸡多是嫩鸡，只要不是特别大的，很容易烤熟，重点是一定要前期腌制入味才好吃。

② 一只烤鸡一顿是吃不完的，所以先撕下一条烤鸡腿与炒好的水面筋肉片等一起打包，明天的午餐便当就又有了。

延伸菜品 1

烤翅根

相对而言，烤翅根要方便很多，而且多少随意，不像烤一整只鸡那样隆重得让人有心理负担。尤其是老人家消化功能有限，家中吃肉的主力也就是上班的人而已，过多地吃肉毕竟对健康不利。还是少吃点吧，比如翅根，一次四五根而已，而且还要搭配土豆一起烤，尽量做到搭配合理，营养均衡。

原　料　翅根 12 个，马铃薯 1 个，红薯 1 个

酱　料　盐、黑胡椒碎、欧芹碎、白芝麻适量，辣椒粉、蚝油、生抽、老抽、料酒各 1 汤匙，蜂蜜 2 汤匙，橄榄油适量

步　骤

1. 鸡翅根洗净沥干，用少许白酒与盐码味后，将所有酱料调入拌匀装入密封盒内腌制一夜。
2. 马铃薯和红薯一边放水冲洗，一边用刷子认真刷干净表皮，用厨房纸巾拭干表面水渍，切成滚刀块，放入盆中，加 1 汤匙橄榄油拌匀，加少许盐和黑胡椒碎调下味。
3. 烤箱预热 180 度；烤盘蒙上锡箔纸，刷一遍橄榄油，将腌好的翅根与薯块一同摆放平整，放入烤箱中间一层。
4. 开启烤箱上下加热档，180 度烤 20 分钟，取出将翅根翻面，刷一层酱料，撒上白芝麻，继续烤 15 分钟至翅根表面焦黄熟透即可。

特点：鸡翅根香辣入味，烤薯块甜香软糯，非常好吃。

延伸菜品 2

烤双薯

其实，不用放鸡翅，单烤马铃薯与红薯也是很好吃的零食。这里也不妨介绍下做法。

原　料　马铃薯2个，红薯1个

配　料　盐，黑胡椒碎，辣椒粉，花椒粉，孜然粉，欧芹碎，橄榄油，白芝麻

步　骤

1. 马铃薯和红薯一边放水冲洗，一边用刷子认真刷干净表皮后，切成滚刀块，放入盆中冲洗干净表面的淀粉后沥干（尽量多晾一会儿使表面无过多水渍），再用纸巾彻底拭干表面的水分。

2. 先加1汤匙橄榄油与薯块充分拌匀，再加适量的盐、辣椒粉、花椒粉、黑胡椒碎、欧芹碎一起混合拌匀。

3. 烤盘铺上锡箔纸，底部薄薄刷一层橄榄油，把拌好的薯块放入预热好的烤箱中，上下火200度20分钟，至薯块表面金黄焦脆，内心绵软。

4. 取出撒少许盐、辣椒粉、欧芹碎和白芝麻，烤10分钟取出即可。

特点：马铃薯清香绵软，红薯香甜软糯，表皮焦香筋道，风味十足。

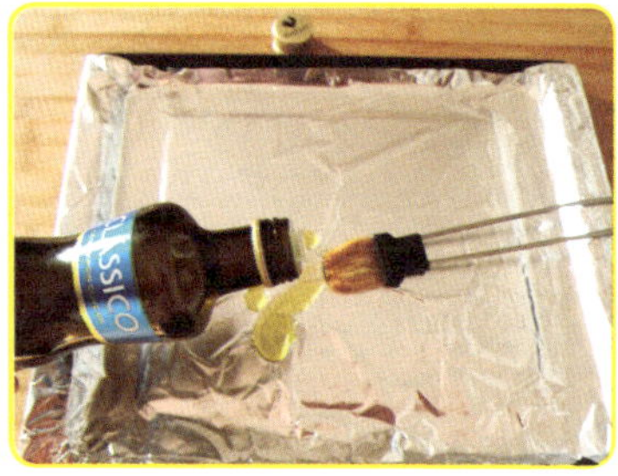

兰 姨 秘 籍

① 烤盘上的锡箔纸要薄薄地刷一层油，经过加热的薯块才不会粘连在烤盘上。

② 每种类型的烤箱温度和性能不尽相同，请根据自家烤箱的实际情况适当调整温度和时间，不可教条机械地照搬。

延伸菜品 3

毛豆烧翅根

如果不想烤，红烧鸡翅根也是没有任何技术难度的一道傻瓜菜，若有追求，就再加点毛豆一起烧，荤素搭配就更合理了。

原　料　鸡翅根 10 个，毛豆 100 克

配　料　油，生抽，老抽，生姜，花椒，桂皮，冰糖，盐，剁椒，料酒

步　骤

1. 鸡翅根洗净沥干，毛豆洗净沥干，生姜切片。
2. 炒锅置大火上烧热，倒 3 ~ 4 汤匙油，用花椒炸香后，将花椒捞出丢弃。
3. 将翅根与生姜片一同入锅翻炒，至鸡肉变白，加入冰糖、桂皮继续

炒至水干出油。

4. 烹入 2 汤匙料酒去腥，加入剁椒、2 汤匙生抽、1 汤匙老抽让翅根上色，加 1 小碗水烧开后，改中小火焖 10 分钟。

5. 焖鸡的同时，另起煮锅烧水，将毛豆入锅焯熟后捞起；待翅根烧熟焖好后，加毛豆下锅翻炒均匀，改大火收汁，至油色鲜亮即可起锅装盘。

① 鸡翅根属于易熟的肉类制品，无需炖制很长时间；毛豆鲜嫩易熟，将毛豆焯熟再下锅红烧，可以保持毛豆鲜嫩的颜色和口感，过于软烂反而不美。

② 红烧类菜肴的水要一次加足，不可中途续加，这样才能让最后的成品色泽红亮，味道香浓。

配菜展示

亮点是那一小撮泡菜：自制泡豇豆配泡小米椒、泡姜芽、泡嫩蒜，用少少的油炒好晾凉装入干净的瓶子里搁冰箱保存，就是超级好吃的下饭小菜。

翅根烧板栗花菜。头一天烧翅根时，在下毛豆米之前，特地留出一半，今天再加新上市的板栗和花菜烧熟，一个有肉有菜又尝鲜的快捷菜就好了。

柠香煎鳙鱼

鳙鱼又叫花鲢、胖头鱼、包头鱼、大头鱼、黑鲢、麻鲢，也有叫雄鱼的，是常见的淡水鱼。鳙鱼头大而肥，占体长的三分之一，肉质雪白细嫩，是鱼头砂锅、鱼头火锅、剁椒鱼头的首选。

家中常吃各式鱼头，剁椒、红烧或者炖豆腐，怎么吃都好；剩下的鱼肉就被片成片，做酸菜鱼、水煮鱼；至于鱼骨头，码好味，用油煎下，放入保鲜盒，第二天早上起来再回锅红烧，儿子的午餐便当就有了着落。

然而，重口味的各式鱼头消耗速度一直很快，渐渐地，对鱼片的热情就不再那么高涨，剔下的鱼肉块检在冰箱里，总也想不起吃。那天，从医院回到家已经很晚，想起明天的便当还没有着落，便打开冰箱翻检存货。看到肥厚硕大的鱼肉块，猛然想到了高大上的香煎银鳕鱼，抱着试试看的态度将其放到冷藏室内化冻。第二天早晨起来，用橄榄油煎了个柠香鳙鱼，果然让人惊喜连连——连不适宜携带的鱼肉也能做便当了，从此，又可以畅快地大啖鱼头了。

柠香煎鳙鱼的做法

原　料　鳙鱼肉2块

配　料　柠檬1个，盐少许，黑胡椒碎，意式混合香料（罗勒碎、欧芹碎、迷迭香、干牛至叶等混合而成），橄榄油

步骤

1. 鱼肉洗净，用厨房纸巾拭干表面水渍，再用盐抹匀两面腌渍 10 分钟。

2. 柠檬切开，从中间大的部位切下三片摆盘用；然后将剩下的柠檬汁挤在腌过的鱼块上，两面都要抹匀。

3. 平底的不粘煎锅置大火上烧热，倒 2 汤匙橄榄油，转动下锅让油均匀地分布在锅底，将鱼块皮朝下入锅，改中火煎。

4. 用研磨瓶将黑胡椒均匀地研在鱼块上，再撒少许意式混合香料，轻轻用锅铲背推动鱼块，能够轻松地推动并感觉到底部已经焦香结实，再轻轻推动鱼块在锅中来回移动，千万不要急于翻身，多煎一会儿。

5. 轻轻用锅铲铲起鱼块，翻一面，煎至表面微黄，再翻过来让鱼皮朝下，多煎一会儿至鱼肉硬挺即熟。

6. 起锅装盘，再撒少许黑胡椒碎与盐，最后将剩余的柠檬汁尽量全部挤在鱼块上即可。

特点：鱼肉鲜嫩入味，柠檬香气浓郁。

兰姨秘籍

鳙鱼刺多，该如何处理？其实不用担心。鳙鱼刺粗大且只有两排，均较为整齐地分布在鱼肉纹理的交接处。鱼越大，刺也越粗越长。煎好的鱼肉顺纹理轻轻一拨开，两排鱼刺便赫然呈现出来，剔除起来十分方便。至于鱼尾端肉薄的部位，如果实在怕刺多麻烦，可以将煎好的鱼肉另做处理。

延伸菜品 1

土制鱼饼汉堡

煎好的柠香鱼肉，确实鲜嫩美味，但最尾端的两块终究还是因为刺多而遭到嫌弃。算了，继续发扬贴心老妈无微不至的优秀品质，再奉献一道爱心早餐鱼饼汉堡吧。

原　料　馒头1个，煎好的柠香鱼尾巴2块，鸡蛋1个

配　料　番茄沙司适量，生粉、盐各少许，橄榄油

步　骤

1. 剔去鱼肉上的刺（煎好了的鱼肉剔起刺来十分容易），轻轻揭掉鱼皮，就可以带出大部分的刺（鱼皮可是好东西，富含胶原蛋白，煎得又焦又香）。
2. 然后仔细地将鱼肉中的刺剔除干净，顺带将鱼肉也尽量搞碎。
3. 打入一个鸡蛋调匀，因为煎好的鱼肉本身味道就极好，所以，根据自己的口味酌情加少许盐调味即可；

再加 1 小勺生粉调成稠糊状。

4. 平底不粘锅置火上烧热，倒少许橄榄油摇匀，将调好的鱼肉糊舀入锅中，尽量保持圆形，小火煎至底部成型（若有相应的圆形模具就更无难度了哈）。

5. 转动煎锅，使鱼肉饼在锅内移动，以保证受热均匀且不糊底。翻面煎，至两面呈金黄色铲起，挤上多多的番茄沙司。

老妈自己蒸的刚出锅的大白馒头，夹上焦香宜人的鱼饼，再配点新鲜蔬菜与水果，一份温暖、健康又营养的爱心早餐便出炉了。

延伸菜品 2

红烧鱼骨便当

这是兰姨便当的保留菜——谁让家里有人酷爱鱼头，剩下的鱼骨必须充分利用。片鱼片时特地不剔得那么干净，留着厚厚的肉在鱼骨上，于头天晚上煎鱼的时候顺手也煎好，第二天早上起来加葱、姜、蒜回锅烧得干香味浓，一份优质下饭的便当便出炉了。

原 料 鱼骨头

配 料 干红辣椒、花椒、三奈、葱、姜、蒜、油、盐、生粉、胡椒粉、老抽、生抽、白糖各适量

步 骤

1. 鱼骨用盐、胡椒粉、姜片、葱结、生粉腌制上浆。
2. 炒锅置火上烧热，倒3汤匙油烧至六七成热，将鱼骨煎至两面金黄。

3. 烹入料酒去除腥味，加三奈、蒜瓣、姜片、花椒、辣椒、1勺生抽、小半勺老抽及糖，加水没过鱼骨，大火烧开，至蒜瓣软烂，收汁，下葱段起锅装盘即可。

① 鱼骨腌制时已经有盐了，烧制的时候要注意用盐量。

② 鱼肉易熟，尤其是鱼骨上的肉较少且已腌制入味，所以不用加过多水进行烧制，汤汁过多，便当携带不方便，且在加热后会加重鱼的腥气，影响便当的味道，所以起锅时尽量将汤汁收干些。

③ 烧鱼用的葱不宜过熟，过熟去腥的效果会大打折扣。

④ 因为鱼骨一般是吃鱼头或酸菜鱼的厨余材料，所以都是在头天煎鱼头或炒菜时顺带将鱼骨煎好装盒，于第二天早晨再回锅烧制，这样就不用在早晨大费周章地起油锅，可以有效地节省时间。

辣子北极虾

借鉴经典的重庆辣子鸡制作的辣子北极虾，色泽鲜艳，香气四溢，麻辣酥脆，大只大只的北极虾香酥中带着干辣椒过油的清香与花椒的麻香，甜咸适口，真叫人无法停箸！

辣子北极虾的做法

原　料　北极虾 500 克

配　料　油 300 克，干辣椒 100 克，青、红花椒小半碟，料酒、盐、生抽、糖各少许，姜 2 片，葱 2 根，油炸花生米小半碗

步 骤

1. 冰冻北极虾解冻至虾壳软化，虾肉尚冻即可，切不可完全化冻，这样可以充分锁住北极虾内部的水分，保持虾肉的鲜嫩。干辣椒用干净湿布将表面浮灰擦净晾干待用；葱一半切段、一半切葱花，姜切片，油炸花生米属于家中常备，也倒出一碗待用。

2. 红花椒是闺蜜送的家乡特产，极麻！怕家人不习惯，再用一半青花椒，麻虽不及红花椒，胜在香气极佳，青、红两者一中和，麻香就达标了。

3. 将擦净晾干的红辣椒剪成段，尽量将辣椒籽分开处理，将剔出的辣椒籽炒香晾凉，用食品粉碎机将炒好的辣椒籽粗粗打碎待用。

4. 炒锅置火上烧热，倒油大火烧至八成热（有大量青烟冒出），放入虾与葱段、姜片，炸至虾皮尤其是虾头部分膨胀与虾肉分离，即可捞出。底油留锅内继续加热至八成热。

5. 底油留锅内继续加热至八成热，将刚炸过的虾再次入锅复炸，使虾进一步蓬松。快速将复炸的虾捞出，将油倒出，只留少量底油在锅内。

6. 改小火将花椒略炒香，将辣椒段入锅快速翻炒至出香味、油被吸收。

7. 下炸好的虾改中火翻炒均匀，下料酒、生抽、糖、盐及少量水改大火继续翻炒，使虾皮进一步蓬松以充分地吸收各种调料味道，虾看起来也更大更饱满。

8. 将处理好的辣椒籽粗粉倒入，充分拌匀，倒入花生米炒匀。

9. 起锅时撒入葱花即可。

儿子带了满满的一便当盒辣子虾，回来说饭少了，因为又辣又香，一盒饭不知不觉就吃完了。只好又空口吃虾，哈哈！太满足太过瘾了。

兰姨秘籍

① 将辣椒籽剔出炒香打碎，可以将辣椒的香辣充分展示出来，小小的碎粒香脆，颇似芝麻，连芝麻都省了哦！

② 辣椒和花椒可以随自己的口味添加，但为了保持辣子菜系列原本的风味，做好的成品最好还是辣椒能将所有的虾盖住。当然，北极虾本身就足够大，可以不用像辣子鸡那样在满盘红亮的辣椒中精挑慢选找虾子。

③ 纯正的辣子鸡应该是八分香两分辣，所以购买干辣椒时可向商家咨询，尽量购买那种香多于辣的品种，且过油时间略长些也可有效地减少辣味。

④ 北极虾本身就有淡淡的甜味和咸味，所以不用像鸡块那样需事先腌制入味，且要注意盐等调料的用量。

油焖大虾

酸酸甜甜的油焖大虾，营养又开胃，是夏天常做的便当菜式。

油焖大虾的做法

原　料　大虾 500 克

配　料　番茄酱 2 汤匙，葱 2 根，姜 2 片，蒜 2 瓣，油、盐、生抽、料酒、糖、醋适量

步　骤

1. 虾剪须，将背部用刀划开，挑去虾肠，洗净沥干；姜、蒜分别切末，葱切长段待用。

2. 炒锅烧热，放3汤匙油，烧至六七成热，将处理好的虾下锅炒至变色后铲起，底油留锅中。

3. 改小火放入姜末、蒜末煸出香味，下葱段继续煸香，将番茄酱下入锅中炒至色泽红亮。

4. 放入虾，改大火炒匀，烹入料酒、小半汤匙糖、2汤匙生抽、小半碗水烧开，盖上锅盖焖3分钟，加少许盐调味，收汁。

5. 最后加少许水淀粉勾芡，起锅时沿锅边烹少许醋即可。

特点：色泽红亮，酸甜适中，鲜香开胃。

兰姨秘籍

① 在虾的背部轻划一刀，既方便挑取虾线，又可以使虾在经过炒制之后背部充分弯曲，呈现出漂亮的弧线。注意要稍稍偏离正中心一点，以免切断虾线给挑取带来困难。

② 加番茄酱是为了强化酸甜的口感与红红的颜色，能有效地增加食欲。

③ 盐在快起锅的时候再放，让盐只附着于菜的表面，就可以用很少的盐却使人感觉到咸味，能有效地减少盐的摄入量。醋也要起锅时再烹，以免放得过早，加热后挥发而减弱了酸度。

第三章 窈窕蔬侣

·以蔬为伴·素颜

所谓以“蔬”为伴，就是蔬菜配肉制作而成的各式快捷炒菜。一种或多种蔬菜与肉一起烹制，有荤有素，一盒菜包含多个品种，内容丰富多彩，营养也会更全面。

合理的膳食结构，讲究的是荤素搭配，营养均衡。这样不仅有助于营养互补，使人体需要的能量更加全面合理，还能防止单一饮食（只食荤或纯素食）给健康带来的危害。而对于便当而言，配以各色蔬菜的煎肉、炒肉，除了营养均衡上的需求，简单易做、快捷方便也是其倍受青睐的重要因素。在头天晚上准备晚饭的同时，将肉切好浆好，放入冰箱密封冷藏保存。第二天早晨再配以如意的蔬菜伴侣，一阵煎煎炒炒之后，一份健康营养的美味便当就可以打包了——每天最多早起半个小时，就能换得家人和自己丰盛的早餐和午餐，确实是一件相当划算的事情。

浆肉丝

所谓上浆，就是将肉片、肉丝等小型无骨食材，用水、蛋清、生粉、盐等配料进行保浆，目的是为了保护食物内部的水分和营养不流失，并使肉丝、肉片保持鲜嫩润滑的美好口感。

青椒香菇炒肉丝的做法

原　料　瘦肉 100 克，鸡蛋 1 个

配　料　盐、胡椒粉、姜末、生抽、生粉各适量

步骤

1. 将瘦肉洗净切丝，加少许盐、胡椒粉、姜末、生抽等调味后用手轻轻抓匀。

2. 加入适量的鸡蛋清（蛋黄析出别用），继续用手轻轻抓，至蛋清全部吸收为宜。

3. 加少许生粉，用手接少许清水洒于生粉之上，再将生粉与肉丝全部抓匀。

4. 将上好浆的肉丝，密封置于冰箱冷藏15分钟以上，就可以用来煎、炒、汆汤、煮肉粥等等，十分方便。

兰姨秘籍

① 需要重点掌握的是水与生粉的比例。生粉切忌过多，以拌匀后肉丝表面有层薄薄的浆为宜，水以将将能湿润生粉为宜。

② 上好浆的肉丝密封放冰箱冷藏腌制，目的是使其更加入味，且脂肪进一步冷却凝固后挂浆效果也更佳。利用腌制的这段时间就可以准备其他配菜了。也可以一次浆好一至两天的用量，到时只需准备配菜就很简单了。

③ 将肉丝改成肉片，就是浆肉片；改为肉丁，就是浆肉丁。调味可以根据自己的喜好增减，比如加入蚝油，就是蚝油肉丝；加入郫县豆瓣酱，就可以做鱼香肉丝；拌入甜面酱，就可以制作京酱肉丝等等。

④ 请尽量用手来抓拌肉丝，这点在加入蛋清之后尤其重要：轻轻用手抓匀抓散蛋清，不仅效率高，还可以避免用筷子过度搅拌使蛋清打发起泡，无法附着于肉丝之上，从而影响上浆效果。如果不喜欢手过分油腻，可以戴上一次性塑料手套操作。

青椒香菇炒肉丝

浆好的肉丝，可以与许多蔬菜搭配，都是毫无技术难度的快手菜，有菜有肉又下饭，容易上手又方便快捷，荤素搭配也合理。

青椒香菇炒肉丝的做法

原　料　浆好的肉丝 100 克，青椒 4 个，红椒 1 个，鲜香菇 4 朵

配　料　油、盐、生抽各适量

步骤

1. 青、红椒洗净去籽切丝，鲜香菇切去根部洗净，将头部斜片几刀成薄片再切成丝。
2. 炒锅置火上烧热，倒 3 汤匙植物油、几颗花椒炝香后将花椒捞出丢弃。
3. 将浆好的肉丝滑入油锅炒散至肉变色。
4. 下香菇丝入锅翻炒至软，烹少许生抽调味。
5. 最后将青红椒丝倒入锅内翻炒至全部变色断生，再根据口味加适量盐调味即可起锅装盘。

兰姨秘籍

肉丝配香干、芹菜炒，就是香芹豆干炒肉丝；配以莴笋丝，便是莴笋炒肉丝……用同样的方法浆好鸡肉丝，炒个茭瓜鸡丝，也是清爽好吃的时令菜。炒各种丝，最大的好处就是可以将许多蔬菜切丝一锅炒，比如炒三丝、炒五丝等等，品种越多，营养越丰富。常常是白菜帮子、胡萝卜、豆腐干、鲜香菇、青笋、木耳配少少的肉丝来个懒妈一锅炒，五颜六色的，又好看又好吃，吃再多也不用担心会发胖，心中不免有小小的得意。

洋葱京酱肉丝

正宗的京酱肉丝要京葱配，且肉多葱生，上班吃显然不合适，改良下，用洋葱替代京葱，蔬菜比例加大，且炒熟的洋葱不会污染办公室的空气，不但下饭，食材搭配得也很好哟！

洋葱京酱肉丝的做法

原　料　浆好的肉丝100克，洋葱1个，青、红椒各1个

配　料　甜面酱、蚝油、番茄酱各1汤匙，水淀粉少许，油

步骤

1. 肉丝上浆，洋葱、青椒、红椒洗净切丝，将甜面酱、蚝油、番茄酱调成混合酱料待用。

2. 炒锅置火上烧热，倒 3 汤匙油于锅中烧至五成热，下肉丝滑炒散开后铲起，底油留锅中。

3. 改小火将甜面酱、蚝油、番茄酱调成的混合酱炒香，再下肉丝炒匀上色。

4. 下洋葱丝，青、红椒丝改大火炒匀，勾芡起锅即可。

特点：色泽红亮，咸甜适中，非常下饭。

兰姨秘籍

肉丝炒散铲起，将剁好的郫县豆瓣酱炒红炒香，再将肉丝回锅炒至红亮，再下配菜炒匀，倒入用 1 汤匙醋、半汤匙白糖、适量葱姜蒜末与水淀粉一起调成的鱼香酱汁大火勾芡，就是经典的川菜鱼香肉丝。配菜可以是芹菜、木耳、莴笋、胡萝卜、冬笋、蟹味菇、茭白，以及青椒、红椒、茄子……想怎么配就怎么配！还是那个原则：品种越多，营养越丰富。

酱爆鸡丁

鸡腿剔骨切丁，加黄豆酱、蚝油、生粉等腌制上浆，配以洋葱、黄瓜丁同炒，酱香浓郁，清甜脆爽，又是一道开胃的下饭菜。

酱爆鸡丁的做法

原　料　鸡大腿2只，黄瓜1根，洋葱半个

配　料　甜面酱1汤匙，黄豆酱1汤匙，蚝油1汤匙，料酒1汤匙，油、白酒、盐、生粉、花椒适量

步 骤

1. 鸡大腿洗净，剔去骨头，切丁，加少许盐与白酒抓揉均匀码味。

2. 加入甜面酱、黄豆酱、蚝油与码好味的鸡丁拌匀，再加入生粉调匀上浆，腌制一会儿。

3. 趁腌制鸡丁的工夫，将黄瓜洗净，轻轻刨去少许皮后，切成丁；洋葱洗净切成丁。

4. 炒锅置火上烧热，倒3汤匙油用花椒炝香后捞去花椒，将酱好的鸡丁入锅划散至变色，烹入1汤匙料酒去腥提香，下黄瓜丁、洋葱丁与鸡丁炒匀，至黄瓜丁变色，洋葱成熟起锅装盘即可。

兰姨秘籍

① 鸡腿肉是最适合炒鸡丁的鸡肉。加甜面酱、黄豆酱、蚝油腌制，使鸡肉呈现出浓郁复合型的酱香味道，层次十分丰富，回味无穷。

② 各种酱已经有了充足的盐味，而且在腌制之前又用少许盐与白酒将鸡丁码了底味。黄瓜的清脆爽口，与洋葱本身具有的清甜多汁，都极好地调剂了鸡肉浓郁的酱香，所以整个炒制过程中就无需再加任何咸味调料了，只在炒鸡肉的时候烹入适量料酒去腥就可以了。整个菜品的炒制讲究的是一个快字：大火快炒一气呵成，尤其是黄瓜和洋葱，切勿过度炒熟而失去了脆爽的口感。

③ 一般的蔬菜炒肉类便当，配菜八分熟是关键节点。因为便当至少要保存4个小时以上才食用，蔬菜过度熟不仅会影响到菜的口感与品相，重要的是营养也会损失。而且，装盒后还有个余热捂熟的过程，中午吃时还要再次加热，所以不用担心菜会不熟影响食用。而四季豆、土豆之类耐煮蔬菜，则必须熟透才可以食用，而且，这类蔬菜烧得越烂越透越好吃。

以蔬为伴

宫保鸡丁

在所有的中国式餐馆与快餐店中，宫保鸡丁必须位列其中。毫无疑问，宫保鸡丁是最能代表川菜香辣风格的经典菜式，也是最被老外认可的一道中国菜。嫩滑的鸡丁，香酥的花生米，集麻辣鲜香于一体，是绝对的米饭杀手，做便当就再合适不过了。

宫保鸡丁的做法

原　料　鸡腿2个，油炸花生米1小碟

配　料　郫县豆瓣酱、干红辣椒、花椒、葱、姜、油、盐、生抽、料酒、白糖、醋、生粉各适量

步骤

1. 鸡腿洗净去骨后切成肉丁，用少许盐、姜末、葱花、生抽及生粉上浆腌制入味；花生米炸香晾凉待用；干红辣椒切段，葱切段待用。

2. 用1汤匙醋、小半汤匙糖、大半汤匙生粉调成糖醋汁待用。

3. 炒锅置大火上烧热，倒3～4汤匙油用几粒花椒炸香。

4. 捞去花椒，将浆好的鸡肉快速炒散至变色，烹入1汤匙料酒炒匀后铲出，底油留锅内，改小火煸炒辣椒和豆瓣酱，至辣椒颜色变深，油色红亮。

5. 将鸡肉丁回锅，改大火快速翻炒均匀，倒入调好的糖醋汁，让芡汁均匀地挂在肉丁上，再放入葱段翻炒均匀。

6. 倒入花生米，快速翻炒均匀起锅装盘即可。

兰姨秘籍

葱段要稍微生些，去腻除腥的效果才好。花生米要在起锅的时候再下才酥脆。

以蔬为伴

茄子炒肉丁

一般而言茄子要好吃，必须得用很多油来煎。所谓“油多不坏菜”是句老话，但油多不“坏”菜却会“坏”身体，必须引起足够的重视。这道菜的亮点在于事先将茄子快速焯下水，就可以用较少的油将茄子炒烂，从而有效地减少了油脂的摄入量。如此健康的制作方法，当然要重点推出，目的是想启发广大朋友的思路，只要掌握一些技巧，用少少的油一样可以做出好吃的菜，比如这道茄子炒肉丁就是如此。

茄子炒肉丁的做法

原　料　长茄子2根，浆好的肉丁50克，青、红椒各1个

配　料　橄榄油3汤匙，蒜2瓣，姜2片，花椒、生抽、盐、白糖各少许

步骤

1. 肉洗净切丁，参照“浆肉丝”中的方法用蚝油、生抽、蛋清、生粉等上浆腌制；姜、蒜切末；青、红椒切丁。

2. 茄子洗净切成大些的丁，放入开水锅中快速焯下捞出沥干。

3. 炒锅置火上烧热，倒3汤匙橄榄油，花椒炝香后捞去花椒。

4. 浆好的肉丁下锅划散至肉丁变色后铲出，底油留锅中。

5. 小火将姜、蒜末入油锅中煸香。

6. 焯好的茄丁下锅，大火翻炒。

7. 至茄丁变软，加少许盐继续煸炒，加了盐之后，茄丁会开始渗水出来，继续炒至水分慢慢收干，茄丁进一步软烂。若此时仍觉茄丁的软烂程度不理想，可添少许水焖盖几分钟直到自己满意的程度。

8. 下青、红椒丁入锅炒匀，烹少许生抽与白糖调味。

9. 最后将肉丁回锅炒匀装盘即可。

以蔬为伴

毛豆炒藕丁

每天一个硬菜，确实让人有些技穷！尤其在炎热的夏天，不要说做的人懒得动，就是吃的人也没什么胃口，所以今天就素点吧。现在的藕最最脆嫩，佐以毛豆、剁椒、嫩姜，品种还是极丰富的，又超级开胃下饭，夏天就得这样吃才清爽。

告诉老板娘要炒着吃，会做生意的她就选了最顶上的一节藕给我，这是最最嫩的——南京的菜场就这点迷人，都会问你要怎么吃：煨汤，就选老些的；要炒，就给你嫩的。

毛豆炒藕丁的做法

原　料　嫩藕1节，毛豆50克，肉丁少许

配　料　剁椒1汤匙，橄榄油2汤匙，生抽、盐、白胡椒粉、生粉各少许

步 骤

1. 嫩藕洗净，刨掉外面的皮，切丁，毛豆剥好洗净沥干。

2. 肉丁用少许盐、白胡椒粉、生抽、生粉调味上浆。

3. 炒锅置火上烧热，倒2汤匙橄榄油将浆好的肉丁滑炒散开，下毛豆快速翻炒至变色，再下剁椒酱炒出香味，再放少许生抽调味。

4. 最后下藕丁翻炒至藕丁呈透明状，尝下盐味确定合适后起锅装盘。

兰姨秘籍

① 藕很嫩，都可以生吃的，所以不必担心会炒不熟。炒到呈半透明状态，是因为藕里含有丰富的淀粉，到了一定的温度就会呈黏稠状态，像勾了芡一样，吃到嘴里却是无比的脆嫩甜香。

② 兰姨自制的小米剁椒酱，里面有嫩姜、蒜粒，又香又辣，超级开胃（自制小米剁椒酱请查阅兰姨的书《温暖传家菜》）剁椒、生抽都比较咸，请注意盐量的控制。没有自制的剁椒酱，可以用超市售的成品替代，用前也要尝下味道，以便掌控咸度。

以蔬为伴

青椒杏鲍菇炒肉片

圆青椒加上杏鲍菇炒肉片，配以蒜片的香气，也是荤素搭配得当的下饭菜。用炒肉的底油煸香的杏鲍菇，饱吸了肉片的香味，鲜美肥厚，比肉还要好吃。

青椒杏鲍菇炒肉片的做法

原　料　浆好的肉片100克，圆青椒1个，杏鲍菇2个

配　料　大蒜2瓣，红椒小半个，油、盐、生抽适量

步骤

1. 肉片浆好，圆青椒、杏鲍菇、大蒜、红椒洗净分别切片。

2. 炒锅置火上烧热，倒3汤匙油烧至五成热，下浆好的肉片炒散至变色铲起，底油留锅中。

3. 下青椒片翻炒至断生也铲起。

4. 继续下杏鲍菇片煸炒至微黄，下蒜片继续煸炒出香，加少许盐调味。

5. 将煸炒过的肉片回锅与杏鲍菇一起炒匀，再下圆青椒与红椒片炒匀，加少许盐调味即可装盘。

兰姨秘籍

① 圆青椒与杏鲍菇都属于肉厚难熟的食材，均需先单独过油炒至断生，再与炒好的肉片回锅炒匀，才能既保证肉片的嫩滑，又不会因为炒制时间过短而导致菜品不熟。

② 炒各种菌菇，一定要加蒜片提香，可以将菌菇特有的香气全面释放出来。

以蔬为伴

培根炒荷兰豆

每天做不重样的便当还是有一定难度的，这不，又到了周五了，上周日买的菜已经吃得差不多了，明天才有时间去采购。翻翻冰箱找存货，居然还有一盒有机荷兰豆、一根杏鲍菇；又从冷冻室里翻出一包培根——好了，本周最后一份便当总算顺利地应付过去了：简单炒炒，又是一个洋气的菜。

培根炒荷兰豆的做法

原　料　培根4片，荷兰豆200克，杏鲍菇1根

配　料　橄榄油、盐、白糖各适量

步 骤

1. 荷兰豆择去筋梗，折成段洗净沥干；杏鲍菇洗净切成较厚的片；培根切成适宜的段。

2. 炒锅置火上烧热，倒 1 汤匙橄榄油，中小火将培根片煎熟煸香并渗出油后，把培根片铲起，底油留锅底。

3. 将杏鲍菇片下锅继续用中小火煸炒至软，加少许盐进一步滗出其中水分，待炒至周边呈焦黄色，再将煸好的培根片放回锅中炒匀。

4. 改大火下荷兰豆快速翻炒至熟，加少许盐、白糖调味即可。

特点：荷兰豆脆爽甜香，杏鲍菇绵韧筋道，培根香气浓郁，红白绿养眼。

兰 姨 秘 籍

① 培根类的腌熏制品，其特殊的香气是许多人喜爱的。小火煎制，可以将培根的香气彻底释放出来，再利用煎培根的油煎杏鲍菇，可以让杏鲍菇吸收到培根的香气而变得肉味十足，弥补了这道菜过于素净让食肉一族略感缺肉的遗憾。

② 因为培根属于咸肉制品，煎过之后的油里会有一定的咸味，煎杏鲍菇只需放少少的盐即可。

③ 荷兰豆不宜过度烹炒，脆爽的口感才好吃。炒制过程中除了根据口味适量放盐之外，还要加适量的白糖强化其清甜的口味，否则，整个菜品会发苦，不好吃。

④ 培根类腌熏制品，尽管不宜多吃，但还是属于冰箱中的常备食材。超市中常会有大包的培根促销装，价格十分实惠，可以购买回来按每次所需的量分成小包装，包在保鲜膜中冷冻保存。早餐食用、炒饭、平时无菜时应急都可以使用，方便又实惠。还有兰姨年前自己灌制的香肠等腌腊制品，也是成就急就章便当的神器。

以蔬为伴

荸荠木耳炒鱼片

常见的炒鱼片类菜肴，对用油量、油温、火候均有讲究，对掌勺人的厨艺有较高的要求，一般家庭烹饪有一定的难度。所以家中的鱼片多用于做水煮鱼、鱼片汤之类的菜肴，利用汤汁的温度，将鱼片用汤水焯熟以保证形状完整，故很少使用鱼片来制作便当。冬天常吃火锅，且总担心吃货们涮得不够尽兴，就会备下过多的材料吃不完。这些剩余下来的火锅料稍加处理便是极好的便当菜品，如排骨炒年糕、酱爆鱿鱼卷、铁板鱿鱼须等，在豆果网兰姨的美食日记中都晒过，这里就不一一展示了。而最喜欢用来涮火锅的黑鱼片，因为肉质相对结实且刺少，也成了为数不多的鱼肉便当之一，用来炒荸荠木耳，脆甜清爽，在冬天常见的雾霾天气里，有清咽利喉润肺的良好效果，因而常吃。

荸荠木耳炒鱼片的做法

原　料　黑鱼片200克，荸荠5个，水发木耳5~6朵

配　料　生姜2片，葱2根，盐、白胡椒粉、生粉、花椒、生抽、料酒、油适量

步 骤

1. 黑鱼片用生姜末、盐、白胡椒粉、生粉调味上浆；荸荠削皮，洗净切片；水发木耳洗净后用手撕成适宜大小；姜切片、葱切段待用。
2. 煮锅烧开水，先将木耳焯熟捞出，将浆好的鱼片放入开水中划散，至鱼肉变白快速捞出。
3. 炒锅置火上烧热，倒2汤匙油用花椒炝香后捞出花椒，下木耳、荸荠片、姜片快速翻炒均匀至荸荠呈透明状，加盐调味。
4. 将焯好的鱼片入锅轻轻翻炒匀，烹少量料酒、生抽调味，下葱段快速翻炒几下起锅装盘即可。

兰 姨 秘 籍

炒鱼片对厨艺有较高要求，所以干脆来个投机取巧，先将鱼片焯熟再炒，用开水代替过油环节，既解决了鱼片在炒制过程中过度翻炒导致散烂的难题，又有效地减少了用油量，可谓一举多得，值得推荐。

延伸菜品

荸荠香菇鸡肉片

用同样方法将浆好的鸡胸肉片焯好，再配以香菇荸荠同炒，就是脆甜爽口的荸荠香菇鸡肉片。用油少，鸡肉却十分滑嫩，确实是好吃又能吃出窈窕的美容佳肴。

以蔬为伴

菠萝鸭肉

现在的菠萝又新鲜又甜，炒个菠萝鸭肉很赞哩！头天晚上将两只鸭腿剔骨去皮切丁浆好，第二天早起来切配蔬菜，15 分钟全部搞定。

菠萝鸭肉的做法

原　料　鸭腿 2 只，菠萝 1/4 个，杏鲍菇 1 根，洋葱半个，青、红椒各 1 个

配　料　油、盐、白胡椒粉、生抽、老抽、蚝油、生粉、白糖各少许，生姜 2 片

步 骤

1. 2只鸭腿剔骨去皮，切成肉丁，用少许盐、白胡椒粉、生抽、蚝油、白糖、生粉腌制上浆，为了加深肉色，又滴了几滴老抽。

2. 将配菜切丁，将菠萝丁、杏鲍菇丁分别在淡盐开水中略焯下沥干待用。

3. 炒锅置大火上烧热，倒3汤匙油，将浆好的鸭肉下油锅滑散。

4. 下杏鲍菇丁、洋葱、青红椒片，快速翻炒至青、红椒颜色变深。

5. 下焯好的菠萝丁略翻炒均匀，起锅装盘即可。

兰 姨 秘 籍

① 早晨时间紧，可以在头天晚上提前将鸭肉浆好冷藏，第二天早晨起来只处理配菜就很快了。菠萝在淡盐水中略焯下，一方面是为了使菠萝更香甜，另一方面也可以焯去菠萝多余的水分，使菜品干爽宜人。杏鲍菇焯水，一方面也是为了脱水，另一方面也是为了将不太容易熟的杏鲍菇提前预制一下，以免在炒制的过程中因为急火快炒而无法成熟。

② 杏鲍菇、口蘑、金针菇等新鲜菌菇，营养丰富，容易保存，是制作便当的常用食材。在制作菜肴之前，最好将洗净的菌菇都增加一个用淡盐水焯水的步骤。这样，不仅能有效地去除人工养殖营养液的成分和气味，食用起来更安全，而且菜品的味道也更加纯正鲜美。同时，经过焯水处理的菌菇，在制作过程中也不再有大量的水分渗出，做出的菜肴卖相也很好。纯天然野生的菌类则可以完全省略此步骤。

蒜香秋葵牛肉粒

尽管煎肉排可以略微安慰下对牛排的相思，若真的可以有牛排便当吃，想必一定会喜出望外吧！嗯，万能的兰姨这就来教你做这道变通的牛排——蒜香秋葵牛肉粒。

蒜香秋葵牛肉粒的做法

原　料　牛柳200克，秋葵4根，蒜籽10粒，洋葱小半个

配　料　油、盐、蚝油、黑胡椒碎、罗勒碎、欧芹碎、牛排酱汁各适量

步　骤

1. 秋葵、蒜头、洋葱及牛柳分别洗净。

2. 牛肉切成大粒，加适量蚝油、黑胡椒碎、罗勒碎、欧芹碎、洋葱块、牛排酱汁拌匀腌制入味。

3. 煮锅倒水烧开后，加少许盐和油将洗净的秋葵焯水2分钟后捞起，用凉水过凉。

4. 将焯好的秋葵切成丁，蒜粒用刀轻轻拍松，余下的洋葱切成丁待用。

5. 炒锅置火上烧热，倒2汤匙橄榄油将蒜粒煸香至表面微黄，再下洋葱粒炒香。

6. 将腌制入味的牛肉粒倒入锅中，划散煎至牛肉表面变色。

7. 下秋葵丁翻炒均匀装盘即可。

特点：牛肉鲜嫩多汁，蒜粒金黄软糯，秋葵翠绿可人，完美！

兰姨秘籍

① 去超市搜寻一下，牛排酱汁对广大厨房菜鸟而言是个福音，可以腌制牛排，也可以做牛排的浇汁，十分方便。实在找不到，可以找其他类似的现成调料汁替代，可以省去很多厨房小白调味的苦恼。

② 秋葵的黏液一直是人们爱上秋葵或讨厌秋葵的直接原因，却是秋葵的价值所在。有些人会对这个粘液过敏，没关系，用水焯熟了就可以。一定要整根秋葵完整地下锅，才能保证营养成分不流失，焯的时间也不宜过长，捞起后用凉水过凉是保证秋葵颜色翠绿的好办法哦。

③ 西餐中关于牛排有严格的分级和类别，对兰姨这样的煮菜老妈而言无异于天书般难懂。唯一能记住的，就是我们称为牛柳的这一块，是牛排中较好的一种，这就够了。因为产地、饲养方式、屠宰方式不同，牛肉的品质亦会有明显的差异，煎制出的牛排更是风味迥异。上好的牛肉甚至无需过分腌制，直接煎过之后，仅撒少许盐与黑胡椒粉就十分美味可口。但这种牛肉可遇不可求，且价格十分昂贵。而一般市场上出售的普通牛排，还是建议经过腌制后再煎，且一定要多煎一会。

④ 将牛柳切成粗粒，一方面可以加快成熟，另一方面还是为了食用方便。

白灼秋葵

原　料　秋葵，青红椒

配　料　油、盐、花椒、蒜、生抽、白糖各适量

步　骤

1. 秋葵洗净；用煮锅盛水烧开后，加少许盐和油将秋葵焯 2 到 3 分钟至熟捞起，用凉开水过凉；
2. 青红椒及蒜切末，用少许盐腌渍入味。
3. 炒锅置火上烧热，倒入 2 汤匙油加花椒炸成花椒油。
4. 将花椒油泼在青红椒及蒜末上，加 1 汤匙生抽、小半汤匙白糖、1 汤匙凉开水调匀。
5. 将调好的酱汁淋在码好的秋葵上即可。

素颜美侣白灼菜

那盘青翠亮丽的白灼秋葵是不是很诱人?

一个完美的便当，除了压阵的硬菜，足够量的素菜更是必需的。而白灼菜俨然一个清水出芙蓉的素颜美女，以其清鲜亮丽、淡雅宜人的风貌，让老妈便当瞬间变得清新又圆满。

白灼是传统粤菜的一种技法，以煮滚的水或汤，将生的食物烫熟，最大限度地保留了食材的营养成分和原有风味。白灼技法几乎适用于一切品质新鲜的食材，如白灼鱿鱼、白灼虾、白灼鸡、白灼肥牛、白灼生菜等等，不仅好吃，还能大大减少油和盐的用量，让身体完全没有体重负担，当属好吃懒做菜系第一名。忙碌的早晨，煎、炒、烹、炸制作完便当主打菜，烧锅开水焯一盘清爽宜人的白灼菜，夹一筷子到便当盒中做配菜之余，早餐能吃到足够量的新鲜蔬菜也是一件非常幸福满足的事情。

白灼菜所灼菜品必须绝对新鲜。绿叶蔬菜烹调的时间不宜太长，焯水时只要水开即可捞出，过久烫煮会使蔬菜失去清新亮丽、清脆鲜甜的风味；而花菜、豇豆等耐煮的品种则可以适当延长焯煮的时间，煮熟为宜。焯菜的开水里要加少许油和盐，焯出的菜才会油润青翠、明媚亮丽。

只要在烹制过程中处理好这几个细节，就能灼出一份完全能与酒楼媲美的白灼菜。

白灼菜的精髓在于浇汁，可以随个人喜好自己调制，清甜、鲜辣、蒜泥随心所欲。这里推荐几种浇汁的调制方法，有兴趣的可以试试。

白灼浇汁的做法

1. 基础白灼酱油汁

配 料 生抽 1 汤匙，白糖小半汤匙，盐小半勺，凉开水 2 汤匙，麻油少许

步 骤

1. 将除麻油之外的所有配料装入小碗中，放入微波炉中高火打 30 秒至酱汁微微沸滚即取出。
2. 浇到焯好的蔬菜上时再淋少许麻油即可。

2. 鲜辣炝汁

配 料 青、红椒各半个，蒜 1 瓣，花椒数粒，油 2 汤匙，生抽 1 汤匙，白糖小半汤匙，凉开水 2 汤匙，盐少许

步 骤

1. 青红椒及蒜切末，用少许盐腌渍入味。
2. 炒锅置火上烧热，倒入 2 汤匙油加花椒炸成花椒油。
3. 将花椒油泼在青红椒及蒜末上，加生抽、白糖、凉开水调匀即可；

3. 葱油酱汁

配 料 油 2 汤匙，生抽 1 汤匙，白糖小半汤匙，盐小半勺，凉开水 2 汤匙，花椒、葱丝、姜丝、青红椒丝适量

步 骤

1. 菜品焯好装盘，淋上基础白灼酱油汁，将葱丝、姜丝、青红椒丝覆盖其上。
2. 炒锅置火上烧热，倒入 2 汤匙油加花椒炸香后滤去花椒。
3. 将花椒油泼在葱姜丝及青红椒上即可。

4. 蒜泥酱汁

配　料　蒸鱼豉油1汤匙，生抽半汤匙，白糖小半汤匙，蒜2瓣，凉开水1汤匙，麻油少许

步　骤

1. 将蒜瓣拍散切粒，与除麻油之外的所有配料一起装入小碗中，放入微波炉中高火打30秒至酱汁微微沸滚取出。

2. 浇到焯好的蔬菜上后再淋少许麻油即可。

部分白灼菜品展示

1. 白灼生菜
2. 白灼花菜
3. 白灼小白菜
4. 白灼白芹叶
5. 烫干丝

延伸菜品

清炒白芹

相较于芹菜，白芹叶小而圆，茎杆表面更白更光滑，有股特殊的蒿子味道，爱的人爱不释口，不爱的人绝对难以接受！习惯上是只吃茎秆，不吃菜叶。但作为优质绿叶蔬菜，白芹叶丢掉实在浪费，用水焯下做个白灼白芹叶，却是别样的清新宜人。菜秆嘛，当然可以各种炒了。

步 骤

1. 白芹择去老梗，菜叶、菜秆择开分别洗净，菜叶白灼，菜秆切段；干红辣椒切段与白芹秆放在一起。
2. 炒锅置火上烧热，倒 2 汤匙油至五六成热，丢几颗花椒炸香后捞出丢弃，放入白芹与干辣椒入锅翻炒至熟，加盐及少许生抽调味，起锅装盘即可。

① 酱汁中加入些许白糖，会令蔬菜更加鲜甜，放入微波炉中打 30 秒是为了使配料充分溶解，味道更加融合。

② 麻油要最后淋到菜上，切勿入微波炉中加热，以免味道挥发，香气损失。

③ 请根据菜量酌情增减生抽和盐的用量，或制作好了酱汁再酌情浇淋在焯好的蔬菜上，切勿过量使用。

④ 以上酱汁一般适用于白灼蔬菜。若做白灼鱿鱼、白灼虾之类海鲜，则可适当增加芥末、姜末、葱花、醋汁、沙姜等调味，风味更佳。

青椒土豆丝

土豆丝一直是众多吃货的最爱。土豆因为营养丰富，耐存贮，也一直是家里日常贮备的应急品种之一。快周末时，冰箱里的存货消耗得差不多了的时候，一般都会来个青椒土豆丝应付一顿，挨到休息日再去菜场采买一番。日子就在这样无限的循环往复中一天天过去，平淡却安宁。

青椒土豆丝，看似简单的一道菜，想要做得好吃又清爽，却十分考量大厨的综合实力：精湛的刀工，火候的把控，都有一定的讲究。而一般的家庭制作，只要尽量把土豆丝切得细些就离成功不远了。至于是喜欢醋熘的，还是清淡的，完全由个人口味决定。这不，连续几天的阴雨已经让天气有了一夜到秋的凉意，恰逢嫩姜上市，有点微辣的嫩姜与土豆一起炒，再切点卤好的牛肉，周五的午餐便当就算凑合过去了，其实也不差哦！有菜有肉，配有嫩姜的土豆丝驱寒开胃又下饭，吃完身上一定暖暖的，能量满满。顺便还要表扬下某人磨的刀，超快超锋利，切个土豆丝、青红椒丝和嫩姜丝什么的相当给力。

青椒土豆丝的做法

原　料　土豆1个，嫩姜1块，青、红椒各半个

配　料　盐小半勺，醋少许，花椒数粒，油1汤匙

步 骤

1. 土豆洗净削皮切丝，用水冲去表面淀粉后，泡入清水中备用。
2. 青、红椒洗净切丝，嫩姜洗净切丝，将土豆丝捞出沥干。
3. 炒锅置火上烧热，倒油用花椒炝香后将花椒粒捞出丢掉。
4. 将土豆丝、姜丝和青、红椒丝一同下锅，大火快速翻炒，至土豆丝变色呈半透明状，调入盐和少许醋炒匀出锅即可。

① 丝切得足够细，使土豆能够入锅即熟是保持其脆爽口感的关键。如果过粗，必须炒制一定的时间才能熟，容易导致加热过度而使土豆绵软。如果粗细不均，则会出现生熟不均。所以，刀工还是要讲究一下的。当然，菜刀一定要磨得快些才好用。

② 尽量将土豆丝多淘洗几遍，以去掉表面的淀粉；在清水中浸泡则是为了抗氧化，防止土豆丝变色，这样炒出来的菜品才清爽干净，颜色亮丽。

③ 如果刀工确实不尽如人意，无法切出满意的细丝，可以在炒的时候就先烹少许醋，这样可以强化土豆丝脆爽的口感，即便稍微多炒些时间也不会过于软烂。如果喜欢酸味浓郁些，起锅时再烹少许醋就可以提升醋的酸味。

香菇扒菜心

香菇扒菜心也是素菜的经典款式，青翠的菜心与褐色的香菇相互映衬，色泽诱人。烹入蚝油调味，鲜香清甜，润泽宜人。

香菇扒菜心的做法

原　料　青菜心10棵，鲜香菇10朵

配　料　蚝油2汤匙，盐少许，水淀粉、油适量

步骤

1. 青菜择去老梗，只留菜心，用流动水逐棵逐片冲洗干净沥干后，对半剖开，再在每棵的头上竖剖一刀勿斩断；鲜香菇剪去根部，洗净，用刀在顶端剔花刀。

2. 煮锅烧开水，放少许清油和盐，分别将菜心和香菇焯水后捞起。

3. 炒锅置火上烧热，倒2汤匙油烧到五成热，将焯好的香菇、菜心一同下锅大火翻炒均匀。

4. 用筷子快速将菜心夹起码入盘中，香菇留锅里改小火继续翻炒。

5. 烹入2汤匙蚝油与香菇炒匀，再根据个人口味加适量盐调味。

6. 烹入适量水淀粉改大火勾芡，将香菇取出码在摆好的菜心之上，再将剩余的芡汁全部浇淋在香菇上即可。

① 因为没有逐片分开，扒好的菜心要用流动水逐棵逐片认真冲洗干净，洗好了再切；炒制之前将菜心与鲜香菇焯水，也可以将菜心上的农药进一步分解掉，所以不用担心整棵的菜心会洗不干净。

② 因为焯过水，已经初步成熟，可以不用很多油来炒菜。菜心炒制的时间也不宜过长，快速翻炒均匀再略加炒制就可以出锅装盘，这样炒出来的菜心才青翠碧绿、脆爽清甜；因为焯水时锅里已经加了少许油和盐，而且后面的香菇也要加蚝油一起炒入味，所以不用担心菜心会过于清淡，这样反而更显得清甜。

③ 香菇留在锅中要改小火继续煸炒，加入蚝油后要多焖一会使香菇入味，用大火会将蚝油炒糊，变苦就不好吃了。

④ 因为蚝油较咸，最后放盐时一定要注意盐量的控制。

⑤ 一般而言，绿叶蔬菜是不适宜做便当的，因为如果保存不当会有大量的亚硝酸盐产生，会危及自身的健康。所以，如果一定要带绿叶蔬菜，务必是当天早晨现洗现做的新鲜出品，且最好是在气温较低、饭菜不易变质的冬季。而且，冬天的青菜也最肥美最鲜嫩好吃。

香菇蚝油西蓝花

西蓝花营养丰富，含蛋白质、糖、脂肪、维生素和胡萝卜素，营养成分位居同类蔬菜之首，被誉为“蔬菜皇冠”，多吃自然好处多多。将西蓝花与不同蔬菜混在一起炒，更有利于各种微量元素的吸收，营养更均衡。而那青翠碧绿的颜色，更受到众多菜品颜值控的青睐，被广泛运用于菜品的摆盘与装饰，实乃百分百的花样美蔬。

香菇蚝油西蓝花的做法

原　料　西蓝花1棵，鲜香菇6朵。

配　料　蚝油2汤匙，白糖、盐少许，水淀粉、油适量

步骤

1. 将西蓝花从根部改刀成完整的小朵，用流动水逐棵冲洗干净沥干后，再切成适宜大小；鲜香菇剪去根部，洗净切块；另备一盆装满凉水待用。

2. 煮锅烧开水，放少许清油和盐，先将香菇焯水后捞起；再将水烧开后，放入西蓝花焯至颜色碧绿，快速捞出，放入备好的凉水盆中过凉后捞出沥干。

3. 炒锅置火上烧热，倒2汤匙橄榄油烧至五成热，将焯好的香菇下锅大火翻炒均匀，再烹入2汤匙蚝油与小半勺白糖炒匀。

4. 将焯好过凉的西蓝花下入锅中快速翻炒，再根据个人口味加适量盐调味。

5. 烹入适量水淀粉勾芡，至汤汁清亮起薄芡，起锅装盘即可。

① 西蓝花等十字花科蔬菜，虽然营养丰富，却极易生虫，并常有农药残留，所以要用流动水冲洗，尽量不要用水泡，以防农药浸入花菜内部；若花菜过大过于密实，可用刀从花朵根部切下再洗，洗干净之后再改刀切块。在烹制之前，将花菜放在淡盐开水中焯下，有助于进一步去除残留农药。

② 西蓝花煮后颜色会变得更加鲜艳，碧绿可人。但要注意的是，焯烫和烧煮以及加盐的时间都不宜太长。焯水后，应放入凉水中过凉，再捞出沥净水再用，这样才能最大限度地保留花菜的脆爽口感和防癌抗癌的营养成分；尤其不能过度烹任，把西蓝花炒得泛黄，不仅难看，还会让菜品带有强烈硫磺味，营养也几乎损失殆尽。

③ 西蓝花本身会有一定的苦味，若不习惯，可在起锅时加少许白糖来调剂，或者使用蚝油之类的调味品，让调料的味道稍重一些就可以掩盖掉苦味了。当然，若与胡萝卜、香菇等味道甜香的蔬菜一起炒，不仅可以掩盖苦味，使菜品的颜色更加艳丽，还会使营养更加丰富，有助于多种元素的吸收。

豉椒炒苦瓜

苦瓜，清热去火，静心宁神，是夏季当食之佳品。苦瓜或炒，或烧，或凉拌，或素食，或配荤，吃法众多，在一份油腻厚重的便当中配一道豉椒炒苦瓜，必定解腻开胃，令人食欲大增。

豉椒炒苦瓜的做法

原　料　苦瓜 2 根

配　料　橄榄油 2 汤匙，风味豆豉 1 汤匙，蒜 2 瓣，青、红椒各 1 个，盐、生抽少许

步　骤

1. 苦瓜洗净，对半破开去瓤切片；蒜拍散切成蒜末；青、红椒洗净切末。

2. 炒锅置火上烧热，不放油，直接将苦瓜片放入锅中煸炒，至颜色变深，有水渗出，加小半勺盐继续煸炒至苦瓜变软，水分煸干铲起。

3. 炒锅洗净，烧热，倒入 2 汤匙橄榄油小火将蒜末煸香，下豆豉继续炒至油色变深成酱色。

4. 下青、红椒末炒香后，将煸好的苦瓜倒入锅中改大火翻炒均匀，烹少许生抽调味后起锅即可。

特点：苦瓜的苦与豆豉的苦相互交融，咸香鲜美，开胃解腻。

除苦瓜苦味的方法，常用的是用开水焯过后再加盐腌渍，挤去汁水，适用于极其怕苦的朋友初次尝试苦瓜时用；在炒锅里不放油干煸，去苦效果略弱于焯水，却胜在干香浓郁。

清炒生瓜片

生瓜，又叫笋瓜，这是南京的叫法，北方人习惯称之为“西葫芦”。生瓜与姜末、青椒一起炒，也是常带的便当素菜。

清炒生瓜片的做法

原　料　生瓜 1 个，水发木耳数朵，青椒 1 个

配　料　橄榄油 2 汤匙，姜末少许，盐、鱼露适量

步骤

1. 生瓜洗净切片，青椒去籽切块，水发木耳洗净撕块，姜切末。

2. 炒锅置火上烧热，倒入2汤匙橄榄油，下姜末炝锅，下木耳快速翻炒均匀，加少许盐调味。

3. 将生瓜片、青椒块一同下锅翻炒至瓜片变色，烹少许鱼露提鲜，继续翻炒至熟，根据口味加盐调味后起锅即可。

兰姨秘籍

① 生瓜不宜过度炒制，会大量出水且会变得十分软烂，失去脆生生的口感。

② 生瓜用少许姜末提味，会使过于清淡的瓜片变得入味，有画龙点睛的效果。

③ 炒此类味道清淡、不易入味的瓜类菜，可以适当烹些鱼露酱油来提鲜。

延伸菜品

清炒生瓜丝

将生瓜切成粗丝，用同样的方法来个清炒生瓜丝，更快速也更入味，与清炒生瓜片属于异曲同工的两个菜。

丝瓜炒毛豆

丝瓜上市的时候，正是炎炎夏季。用丝瓜清炒个毛豆，是南方人喜爱的消暑解渴佳品，做法也很简单。

丝瓜炒毛豆的做法

原　料　丝瓜500克，毛豆50克

配　料　橄榄油2汤匙，盐、鱼露适量

步骤

1. 丝瓜洗净削皮切成滚刀块，毛豆洗净沥干。

2. 炒锅置火上烧热，倒 2 汤匙橄榄油，将毛豆入锅中小炒至变色。

3. 下丝瓜块改大火快速翻炒，炒至丝瓜变软开始出水，均匀地撒小半勺盐于丝瓜上快速翻炒，至水大量渗出，丝瓜变软至半透明状，烹少许鱼露提鲜后起锅装盘。

特点：颜色嫩绿，清甜滋润，是夏季的开胃菜品。

豆干炒青蒜

既然是专门的素菜章节，就不能忽略豆腐的存在。豆腐干炒青蒜，完全可以当肉来吃的下饭菜，做便当再合适不过。

豆干炒青蒜的做法

原　料　酱香豆腐干4块，青蒜10根

配　料　橄榄油2汤匙，干红辣椒1个，花椒，盐、生抽、料酒各少许

步 骤

1. 豆腐干洗净，斜片成薄片；青蒜择净洗净，斜切成段；辣椒切小圈。
2. 炒锅置火上，加橄榄油用花椒炝香滤去花椒粒，将豆腐干片入锅翻炒。
3. 炒至颜色变深，烹入料酒去除豆腥味，再烹生抽调味，放干红辣椒圈炒香。
4. 最后下青蒜快速翻炒至变色，酌情加少量盐调味后关火起锅即可。

兰姨秘籍

① 酱香豆腐干本身有些盐味，要把握好盐味的量，切勿过咸。
② 青蒜不宜炒制太长时间，刚刚断生即可。

图书在版编目(CIP)数据

为爱的人做便当 / 兰姨著. —桂林：漓江出版社，2015.10
ISBN 978-7-5407-7671-8

I. ①为… Ⅱ. ①兰… Ⅲ. ①食谱 Ⅳ. ①TS972.12
中国版本图书馆CIP数据核字(2015)第226470号

为爱的人做便当

作　　者：兰　姨
摄　　影：李惟一
策划统筹：符红霞
责任编辑：张　芳
责任监印：唐慧群

出 版 人：刘迪才
出版发行：漓江出版社
社　　址：广西桂林市南环路22号
邮　　编：541002
发行电话：0773-2583322　010-85891026
传　　真：0773-2582200　010-85802186
邮购热线：0773-2583322
电子邮箱：ljcbs@163.com　http://www.lijiangbook.com
印　　刷：北京尚唐印刷包装有限公司
开　　本：965×635　1/12　**印　　张**：20.5　**字　　数**：100千字
版　　次：2016年1月第1版　**印　　次**：2016年1月第1次印刷
书　　号：ISBN 978-7-5407-7671-8
定　　价：40.00 元